水利工程施工单位安全生产管理违规行为分类标准条文解读

赵满江　许庆霞　主编

中国水利水电出版社
www.waterpub.com.cn
·北京·

内 容 提 要

水利部办监督124号文件中明确提出施工单位安全生产管理违规行为分类标准。本书对这106条违规行为进行了详细解读，逐条列出该条款所涉及的法律法规及规范性文件的内容，并对应开展的基础工作做出描述，为指导水利工程施工单位准确理解条款要求，有效开展安全生产工作提供帮助。

本书可作为水利工程施工单位加强项目安全生产管理工作的重要资料和培训教材。

图书在版编目（CIP）数据

水利工程施工单位安全生产管理违规行为分类标准条文解读 / 赵满江，许庆霞主编. -- 北京 : 中国水利水电出版社，2021.6
ISBN 978-7-5170-9744-0

Ⅰ. ①水… Ⅱ. ①赵… ②许… Ⅲ. ①水利工程－工程施工－安全生产－生产管理－安全标准－中国 Ⅳ. ①TV513-65

中国版本图书馆CIP数据核字(2021)第137945号

书　　名	**水利工程施工单位安全生产管理违规行为分类标准条文解读** SHUILI GONGCHENG SHIGONG DANWEI ANQUAN SHENGCHAN GUANLI WEIGUI XINGWEI FENLEI BIAOZHUN TIAOWEN JIEDU
作　　者	赵满江　许庆霞　主编
出版发行	中国水利水电出版社 （北京市海淀区玉渊潭南路1号D座　100038） 网址：www.waterpub.com.cn E-mail：sales@waterpub.com.cn 电话：(010) 68367658（营销中心）
经　　售	北京科水图书销售中心（零售） 电话：(010) 88383994、63202643、68545874 全国各地新华书店和相关出版物销售网点
排　　版	中国水利水电出版社微机排版中心
印　　刷	清淞永业（天津）印刷有限公司
规　　格	184mm×260mm　16开本　9.5印张　231千字
版　　次	2021年6月第1版　2021年6月第1次印刷
印　　数	0001—2000册
定　　价	**60.00**元

本书编写人员

主　　编：赵满江　许庆霞
副 主 编：杜　红　赵丽嘉　张云涛
编写人员：万玉辉　韩怀妙　张清海　解丽英　徐有锋
李　栋　侯艳丽　刘会朋　白腾飞　王建伟
赵　芳　万　钊　李　向　张永慧　刘建学

前言

水利工程施工安全生产事关人民群众生命财产安全。在当前“水利工程补短板，水利行业强监管”的总基调下，水利部于2019年和2020年先后印发了水监督139号和办监督124号文件，对《水利工程建设质量与安全生产监督检查办法（试行）》等5个监督检查办法的问题清单进行发布、修订。为指导水利工程施工单位准确理解安全生产管理违规行为分类标准的条款要求，有效地组织开展水利工程施工安全生产管理工作，组织编写了本书。

本书章节与办监督124号文件中的附件2-4《施工单位安全生产管理违规行为分类标准》对应。单项条款由三部分构成：第一部分为“违规行为标准条文”，引述办监督124号文件中附件2-4《施工单位安全生产管理违规行为分类标准》的条文内容；第二部分为“法律、法规、规范性文件和技术标准要求”，列示出该条款所涉及的主要法律、法规、规范性文件和技术标准的名称及相关条款；第三部分为“应开展的基础工作”，指出条款的核心要求、项目需要开展的基础工作以及工作中的重点、难点或容易疏漏的事项。

本书可作为水利工程施工单位加强项目安全生产管理工作的重要资料和培训教材。感谢河北金涛建设工程质量检测有限公司和河北金浩工程项目管理咨询中心在编著过程中积极参与并给予的大力支持。由于编者水平有限，且时间仓促，文中难免有疏漏和不足之处，敬请斧正。

作者

2021年1月

目录

安全管理体系

● 违规行为标准条文

1. 未取得安全生产许可证，转让、冒用或伪造安全生产许可证

◆ 法律、法规、规范性文件和技术标准要求

《中华人民共和国安全生产法》（主席令第 13 号）

第十七条　生产经营单位应当具备本法和有关法律、行政法规和国家标准或者行业标准规定的安全生产条件；不具备安全生产条件的，不得从事生产经营活动。

《安全生产许可证条例》（国务院令第 653 号）

第二条　国家对矿山企业、建筑施工企业和危险化学品、烟花爆竹、民用爆炸物品生产企业（以下统称企业）实行安全生产许可制度。

企业未取得安全生产许可证的，不得从事生产活动。

第七条　企业进行生产前，应当依照本条例的规定向安全生产许可证颁发管理机关申请领取安全生产许可证，并提供本条例第六条规定的相关文件、资料。

第九条　安全生产许可证的有效期为 3 年。安全生产许可证有效期满需要延期的，企业应当于期满前 3 个月向原安全生产许可证颁发管理机关办理延期手续。

第十三条　企业不得转让、冒用安全生产许可证或者使用伪造的安全生产许可证。

《建筑施工企业安全生产许可证管理规定》（住房和城乡建设部令第 23 号）

第二条　国家对建筑施工企业实行安全生产许可制度。

建筑施工企业未取得安全生产许可证的，不得从事建筑施工活动。

第十八条　建筑施工企业不得转让、冒用安全生产许可证或者使用伪造的安全生产许可证。

★ 应开展的基础工作

（1）施工项目应准备好本单位安全生产许可证的复印件。

（2）施工项目必须确保安全生产许可证复印件的时效性，及时替换更新。

（3）施工项目应核验分包方的安全生产许可证，留存复印件并确保始终有效。

● 违规行为标准条文

2. 超出资质等级许可的范围承揽工程

◆ 法律、法规、规范性文件和技术标准要求

《建设工程安全生产管理条例》（国务院令第393号）

第二十条　施工单位从事建设工程的新建、扩建、改建和拆除等活动，应当具备国家规定的注册资本、专业技术人员、技术装备和安全生产等条件，依法取得相应等级的资质证书，并在其资质等级许可的范围内承揽工程。

《水利工程建设安全生产管理规定》（水利部令第50号）

第十六条　施工单位从事水利工程的新建、扩建、改建、加固和拆除等活动，应当具备国家规定的注册资本、专业技术人员、技术装备和安全生产等条件，依法取得相应等级的资质证书，并在其资质等级许可的范围内承揽工程。

★ 应开展的基础工作

（1）施工项目应留存本单位资质证书的复印件。

（2）施工项目必须确保资质证书复印件的时效性，及时替换更新。

（3）施工项目不得将工程分包给无资质或者超资质范围的单位，必须核验分包方的资质证书，留存资质证书复印件并确保始终有效。

● 违规行为标准条文

3. 未建立健全安全生产管理机构，专职安全生产管理人员配备不符合要求

◆ 法律、法规、规范性文件和技术标准要求

《中华人民共和国安全生产法》（主席令第13号）

第二十一条　安全生产管理机构及人员

矿山、金属冶炼、建筑施工、道路运输单位和危险物品的生产、经营、储存单位，应当设置安全生产管理机构或者配备专职安全生产管理人员。

前款规定以外的其他生产经营单位，从业人员超过一百人的，应当设置安全生产管理机构或者配备专职安全生产管理人员；从业人员在一百人以下的，应当配备专职或者兼职的安全生产管理人员。

《建设工程安全生产管理条例》（国务院令第393号）

第三十六条　施工单位的主要负责人、项目负责人、专职安全生产管理人员应当经建设行政主管部门或其他有关部门考核合格后方可任职。

施工单位应当对管理人员和作业人员每年至少进行一次安全生产教育培训，其教育培训情况记入个人工作档案。安全生产教育培训考核不合格的人员，不得上岗。

第六十二条　违反本条例的规定，施工单位有下列行为之一的，责令限期改正；逾期未改正的，责令停业整顿，依照《中华人民共和国安全生产法》的有关规定处以罚款；造成重大安全事故，构成犯罪的，对直接责任人员，依照刑法有关规定追究刑事责任：

（一）未设立安全生产管理机构、配备专职安全生产管理人员或者分部分项工程施工时无专职安全生产管理人员现场监督的。

《企业安全生产标准化基本规范》（GB/T 33000—2016）

5.1.2.1　机构设置

企业应落实安全生产组织领导机构，成立安全生产委员会，并应按照有关规定设置安全生产和职业卫生管理机构，或配备相应的专职或兼职安全生产和职业卫生管理人员，按照有关规定配备注册安全工程师，建立健全从管理机构到基层班组的管理网络。

《水利工程建设安全生产管理规定》（水利部令第50号）

第二十条　施工单位应当设立安全生产管理机构，按照国家有关规定配备专职安全生产管理人员。施工现场必须有专职安全生产管理人员。专职安全生产管理人员负责对安全生产进行现场监督检查。发现生产安全事故隐患，应当及时向项目负责人和安全生产管理机构报告；对违章指挥、违章操作的，应当立即制止。

《建筑施工企业安全生产管理机构设置及专职安全生产管理人员配备办法》（住房和城乡建设部建质〔2008〕91号）

第五条　建筑施工企业应当依法设置安全生产管理机构，在企业主要负责人的领导下开展本企业的安全生产管理工作。

第八条　建筑施工企业安全生产管理机构专职安全生产管理人员的配备应满足下列要求，并应根据企业经营规模、设备管理和生产需要予以增加：

（一）建筑施工总承包资质序列企业：特级资质不少于6人；一级资质不少于4人；二级和二级以下资质企业不少于3人。

（二）建筑施工专业承包资质序列企业：一级资质不少于3人；二级和二级以下资质企业不少于2人。

（三）建筑施工劳务分包资质序列企业：不少于2人。

（四）建筑施工企业的分公司、区域公司等较大的分支机构（以下简称分支机构）应依据实际生产情况配备不少于2人的专职安全生产管理人员。

第十条　建筑施工企业应当在建设工程项目组建安全生产领导小组。建设工程实行施工总承包的，安全生产领导小组由总承包企业、专业承包企业和劳务分包企业项目经理、技术负责人和专职安全生产管理人员组成。

第十三条　总承包单位配备项目专职安全生产管理人员应当满足下列要求：

（一）建筑工程、装修工程按照建筑面积配备：

1. 1万平方米以下的工程不少于1人；

2. 1万～5万平方米的工程不少于2人；

3. 5万平方米及以上的工程不少于3人，且按专业配备专职安全生产管理人员。

（二）土木工程、线路管道、设备安装工程按照工程合同价配备：

1. 5000万元以下的工程不少于1人；

2. 5000万～1亿元的工程不少于2人；

3. 1亿元及以上的工程不少于3人，且按专业配备专职安全生产管理人员。

第十四条　分包单位配备项目专职安全生产管理人员应当满足下列要求：

（一）专业承包单位应当配置至少1人，并根据所承担的分部分项工程的工程量和施工危险程度增加。

（二）劳务分包单位施工人员在50人以下的，应当配备1名专职安全生产管理人员；50人～200人的，应当配备2名专职安全生产管理人员；200人及以上的，应当配备3名及以上专职安全生产管理人员，并根据所承担的分部分项工程施工危险实际情况增加，不得少于工程施工人员总人数的5‰。

《水利水电工程施工企业主要负责人、项目负责人和专职安全生产管理人员安全生产考核管理办法》（水利部水安监〔2011〕374号，2019年第7号修改）

第三条　本办法所称企业主要负责人，是指对本企业日常生产经营活动和安全生产工作全面负责、有生产经营决策权的人员，包括企业法定代表人、经理、企业分管安全生产工作副经理等。

项目负责人，是指由企业法定代表人授权，负责水利水电工程项目施工管理的负责人。

专职安全生产管理人员，是指在企业专职从事安全生产管理工作的人员，包括企业安全生产管理机构的负责人及其工作人员和施工现场专职安全员。

企业主要负责人、项目负责人和专职安全生产管理人员以下统称为“安全生产管理三类人员”。

第六条　安全生产管理三类人员必须经过水行政主管部门组织的能力考核和知识考试，考核合格后，取得《安全生产考核合格证书》（以下简称“考核合格证书”），方可参与水利水电工程投标，从事施工活动。

《水利水电工程施工安全管理导则》（SL 721—2015）

4.2.1　施工单位应当成立安全生产领导小组，设置安全生产管理机构，配备专职安全生产管理人员，并报项目法人备案。

《水利水电施工企业安全生产标准化评审标准》（水利部办安监〔2018〕52号）

1.2.1　成立由主要负责人、其他领导班子成员、有关部门负责人等组成的安全生产委员会（安全生产领导小组），人员变化时及时调整发布。

1.2.2　按规定设置安全生产管理机构。

1.2.3 按规定配备专（兼）职安全生产管理人员，建立健全安全生产管理网络。

★ 应开展的基础工作

（1）施工项目应建立安全生产管理组织机构。

（2）施工项目应设置安全管理的职能部门，成立职能部门的文件应以正式文件发布。

（3）施工项目应成立项目安全生产领导小组，在施工项目成立之初以正式文件发布，在施工过程中根据人员变动及时进行调整并以正式文件发布。

（4）专职安全生产管理人员配备的数量应满足上述法规条款的要求，必须持证上岗，且证件应始终在有效期内，施工项目应留存复印件存档。

（5）施工项目应监督分包方安全管理人员的配备，并审核留存安管人员的证书复印件。

● 违规行为标准条文

4. 专职安全生产管理人员未履职

◆ 法律、法规、规范性文件和技术标准要求

《中华人民共和国安全生产法》（主席令第13号）

第二十二条 安全生产管理机构及人员的职责。

生产经营单位的安全生产管理机构以及安全生产管理人员履行下列职责：

（一）组织或者参与拟订本单位安全生产规章制度、操作规程和生产安全事故应急救援预案；

（二）组织或者参与本单位安全生产教育和培训，如实记录安全生产教育和培训情况；

（三）督促落实本单位重大危险源的安全管理措施；

（四）组织或者参与本单位应急救援演练；

（五）检查本单位的安全生产状况，及时排查生产安全事故隐患，提出改进安全生产管理的建议；

（六）制止和纠正违章指挥、强令冒险作业、违反操作规程的行为；

（七）督促落实本单位安全生产整改措施。

《水利工程建设安全生产管理规定》（水利部令第50号）

第二十条 施工单位应当设立安全生产管理机构，按照国家有关规定配备专职安全生产管理人员。

专职安全生产管理人员负责对安全生产进行现场监督检查。发现生产安全事故隐患，应当及时向项目负责人和安全生产管理机构报告；对违章指挥、违章操作的，应当立即制止。

★ 应开展的基础工作

（1）专职安全生产管理人员必须专职从事安全管理工作，且持证上岗、人证相符。

（2）专职安全生产管理人员的职责应在施工项目安全生产责任制中明确，职责必须包括但不限于上述法规条款所要求的内容。

（3）专职安全生产管理人员应熟知自己的安全职责。

（4）专职安全生产管理人员在工作过程中应认真履职，注意留存工作痕迹（如记录、图片、视频等）。

● 违规行为标准条文

5. 专职安全生产管理人员履职不到位

◆ 法律、法规、规范性文件和技术标准要求

《中华人民共和国安全生产法》（主席令第13号）

第二十二条　安全生产管理机构及人员的职责。

生产经营单位的安全生产管理机构以及安全生产管理人员履行下列职责：

（一）组织或者参与拟订本单位安全生产规章制度、操作规程和生产安全事故应急救援预案；

（二）组织或者参与本单位安全生产教育和培训，如实记录安全生产教育和培训情况；

（三）督促落实本单位重大危险源的安全管理措施；

（四）组织或者参与本单位应急救援演练；

（五）检查本单位的安全生产状况，及时排查生产安全事故隐患，提出改进安全生产管理的建议；

（六）制止和纠正违章指挥、强令冒险作业、违反操作规程的行为；

（七）督促落实本单位安全生产整改措施。

第二十三条　安全生产管理机构以及安全生产管理人员履职要求和履职保障。

生产经营单位的安全生产管理机构以及安全生产管理人员应当恪尽职守，依法履行职责。

生产经营单位作出涉及安全生产的经营决策，应当听取安全生产管理机构以及安全生产管理人员的意见。

生产经营单位不得因安全生产管理人员依法履行职责而降低其工资、福利等待遇或者解除与其订立的劳动合同。

危险物品的生产、储存单位以及矿山、金属冶炼单位的安全生产管理人员的任免，应当告知主管的负有安全生产监督管理职责的部门。

《水利水电工程施工安全管理导则》（SL 721—2015）

4.5.6　施工单位专职安全生产管理人员应履行下列安全管理职责：

1　组织或参与制定安全生产各项管理规章制度，操作规程和生产安全事故应急救援预案；

2　协助施工单位主要负责人签订安全生产目标责任书，并进行考核；

3　参与编制施工组织设计和专项施工方案、制定并监督落实重大危险源安全管理防护和重大事故隐患治理措施；

4　协助项目负责人开展安全教育培训、考核；

5　负责安全生产日常检查，建立安全生产管理台账；

6　制止和纠正违章指挥、强令冒险作业和违反劳动纪律的行为；

7　编制安全生产费用使用计划并监督落实；

8　参与或监督班前安全活动和安全技术交底；

9　参与事故应急救援演练；

10　参与安全设施设备、危险性较大的单项工程、重大事故隐患治理验收；

11　及时报告生产安全事故，配合调查处理；

12　负责安全生产管理资料收集、整理和归档等。

★　应开展的基础工作

（1）专职安全生产管理人员应熟知自己的安全职责，特别是上述法律法规中明确规定的职责，必须履职到位。

（2）专职安全生产管理人员的职责应通过施工项目的安全生产责任制体现，职责应结合项目实际分工且必须包括上述法规条款的要求。

（3）专职安全生产管理人员在工作过程中应按自己的职责认真履职，且注意留存工作痕迹（记录、图片、视频等）。

（4）施工项目应组织开展安全生产责任制落实情况的检查，发现履职不到位的应及时整改。

●　违规行为标准条文

6. 未定期召开安全生产会议

◆　法律、法规、规范性文件和技术标准要求

《国家安全监管总局关于进一步加强企业安全生产规范化建设严格落实企业安全生产主体责任的指导意见》（国家安全生产监督管理总局安监总办〔2010〕139号）

四、健全和完善基本制度

（一）安全生产例会制度。建立班组班前会、周安全生产活动日，车间周安全生产调度会，企业月安全生产办公会、季安全生产形势分析会、年度安全生产工作会等例会制度，定期研究、分析、布置安全生产工作。

《水利水电工程施工安全管理导则》（SL 721—2015）

4.2.2　施工单位安全生产领导小组应每季度召开一次会议，并形成会议纪要，印发相关单位。

4.2.4　施工单位应每周由项目部负责人主持召开一次安全生产例会，分析现场安全生产形势，研究解决安全生产问题。各部门负责人、各班组长、分包单位现场负责人等参加会议。会议应做详细记录，并形成会议纪要。

《水利水电施工企业安全生产标准化评审标准》（水利部办安监〔2018〕52号）

1.2.5　安全生产委员会（安全生产领导小组）每季度至少召开一次会议，跟踪落实上次会议要求，总结分析本单位的安全生产情况，评估本单位存在的风险，研究解决安全生产工作中的重大问题，并形成会议纪要。

★　应开展的基础工作

（1）施工项目至少每季度应召开一次安全生产领导小组会议。

（2）施工项目应每周要召开一次安全生产例会。

（3）安全生产会议应做好会议记录，留存会议照片，并及时形成会议纪要。

（4）参会人员应齐全；安全生产例会要由项目负责人主持，参会人员应包括各部门负责人、各班组长、分包单位现场负责人等。

（5）会议纪要内容应概括、清楚、条理，说明所议事项、做出的结论、布置的工作或提出的要求等。

●　违规行为标准条文

7. 未制定安全生产目标、安全生产目标管理计划，或制定后未落实，或安全生产目标管理计划未按规定报批

◆　法律、法规、规范性文件和技术标准要求

《企业安全生产标准化基本规范》（GB/T 33000—2016）

5.1.1　企业应根据自身安全生产实际，制定文件化的总体和年度安全生产与职业卫生目标，并纳入企业总体生产经营目标。明确目标的制定、分解、实施、检查、考核等环节要求，并按照所属基层单位和部门在生产经营活动中所承担的职能，将目标分解为指标，确保落实。

企业应定期对安全生产与职业卫生目标、指标实施情况进行评估和考核，并结合实际及时进行调整。

《水利水电工程施工安全管理导则》（SL 721—2015）

3.1.2　各参建单位应根据项目安全生产总体目标和年度目标，制定所承担项目的安

全生产总体目标和年度目标。

3.1.5　安全生产目标应经单位主要负责人审批，并以文件的形式发布。

3.2.3　施工单位的安全生产目标管理计划，应经监理单位审核，项目法人同意，并由项目法人与施工单位签订安全生产目标责任书。

3.2.6　各参建单位安全目标实行自主管理。工程建设情况发生重大变化，致使目标管理难以按计划实施的，应及时报告，并根据实际情况，调整目标管理计划，并重新备案或报批。

《水利水电施工企业安全生产标准化评审标准》（水利部办安监〔2018〕52号）

1.1.2　制定安全生产总目标和年度目标，应包括生产安全事故控制、生产安全事故隐患排查治理、职业健康、安全生产管理等目标。

1.1.3　根据部门和所属单位在安全生产中的职能，分解安全生产总目标和年度目标。

★　应开展的基础工作

（1）施工项目应制定安全生产目标，跨年度的项目应分别制定总目标和年度目标，时间短的项目可直接制定总目标。

（2）安全生产目标应以正式文件发布。

（3）施工项目应制定安全生产目标管理计划。

（4）施工项目的目标管理计划应按要求上报。

（5）施工项目应按制定的目标、目标管理计划和保证措施认真开展工作，并定期检查落实情况。

（6）若工程建设情况发生重大变化，致使目标管理难以按计划实施，应及时报告，调整目标管理计划，并重新报批。

●　违规行为标准条文

8. 安全生产目标、安全生产目标管理计划内容不完善、可操作性差

◆　法律、法规、规范性文件和技术标准要求

《水利水电工程施工安全管理导则》（SL 721—2015）

3.1.3　安全生产目标应主要包括下列内容：

1　生产安全事故控制目标；

2　安全生产投入目标；

3　安全生产教育培训目标；

4　安全生产事故隐患排查治理目标；

5　重大危险源监控目标；

6　应急管理目标；

7　文明施工管理目标；

8　人员、机械、设备、交通、消防、环境和职业健康等方面的安全管理控制指标等。

3.1.4　安全生产目标应尽可能量化，便于考核。目标制定应考虑下列因素：

1　国家的有关法律、法规、规章、制度和标准的规定及合同约定；

2　水利行业安全生产监督管理部门的要求；

3　水利行业的技术水平和项目特点；

4　采用的工艺和设施设备状况等。

3.2.1　各参建单位应制订安全生产目标管理计划，其内容包括：安全生产目标值、保证措施、完成时间、责任人等。安全生产目标应逐级分解到各管理层、职能部门及相关人员。保证措施应力求量化，便于实施与考核。

《水利水电施工企业安全生产标准化评审标准》（水利部办安监〔2018〕52号）

1.1.2　制定安全生产总目标和年度目标，应包括生产安全事故控制、生产安全事故隐患排查治理、职业健康、安全生产管理等目标。

★　应开展的基础工作

（1）施工项目制定的目标应结合项目实际情况，目标内容要全面，不应缺项，尽量量化，且不应低于施工单位的安全目标。

（2）施工项目制定的目标管理计划应与项目实际施工相结合，管理计划应包括安全生产目标值、保证措施、完成时间、责任人等。

（3）注意：施工项目所有资料中的目标、管理计划等均应保持一致。

●　违规行为标准条文

9. 未按规定进行安全生产目标完成情况考核、奖惩

◆　法律、法规、规范性文件和技术标准要求

《水利水电工程施工安全管理导则》（SL 721—2015）

3.3.1　项目法人应制订有关参建单位的安全生产目标考核办法；各参建单位应制订本单位各部门的安全生产目标考核办法。项目法人安全生产目标考核办法由项目主管部门制订。

3.3.2　各参建单位每季度应对本单位安全生产目标的完成情况进行自查。施工单位的自查报告应报监理单位、项目法人备案，项目法人的自查报告应报项目主管部门备案，监理、勘察、设计等参建单位的自查报告应报项目法人备案。

3.3.3　项目法人每半年应组织对有关参建单位的安全生产目标完成情况进行考核，

各参建单位每季度应对内部各部门和管理人员安全生产目标完成情况进行考核。项目法人的安全生产目标完成情况由项目主管部门考核。

3.3.4　各参建单位应根据考核结果，按照考核办法进行奖惩。

《水利水电施工企业安全生产标准化评审标准》（水利部办安监〔2018〕52号）

1.1.5　定期对安全生产目标完成情况进行检查、评估，必要时，调整安全生产目标。

1.1.6　定期对安全生产目标完成情况进行考核奖惩。

★　应开展的基础工作

（1）施工项目应每季度进行一次安全生产目标完成情况的检查和考核。

（2）施工项目的考核时间应结合实际的开、完工时间，合理布置，完工前和年底必须进行考核、奖惩。

（3）目标完成情况的检查、考核应形成记录，签字留存。

●　违规行为标准条文

10. 未建立安全生产责任制，或未逐级签订安全生产目标责任书

◆　法律、法规、规范性文件和技术标准要求

《中华人民共和国安全生产法》（主席令第13号）

第四条　生产经营单位必须遵守本法和其他有关安全生产的法律、法规，加强安全生产管理，建立、健全安全生产责任制和安全生产规章制度，改善安全生产条件，推进安全生产标准化建设，提高安全生产水平，确保安全生产。

第十八条　生产经营单位主要负责人对本单位安全生产工作负有下列职责：

（一）建立、健全本单位安全生产责任制；

第十九条　生产经营单位的安全生产责任制应当明确各岗位的责任人员、责任范围和考核标准等内容。

生产经营单位应当建立相应的机制，加强对安全生产责任制落实情况的监督考核，保证安全生产责任制的落实。

《国务院安委会办公室关于全面加强企业全员安全生产责任制工作的通知》（国务院安委会办公室〔2017〕29号）

二、建立健全企业全员安全生产责任制

（三）依法依规制定完善企业全员安全生产责任制。企业主要负责人负责建立、健全企业的全员安全生产责任制。企业要按照《安全生产法》《职业病防治法》等法律法规规定，参照《企业安全生产标准化基本规范》（GB/T 33000—2016）和《企业安全生产责任体系五落实五到位规定》（安监总办〔2015〕27号）等有关要求，结合企业自身实际，明

确从主要负责人到一线从业人员（含劳务派遣人员、实习学生等）的安全生产责任、责任范围和考核标准。安全生产责任制应覆盖本企业所有组织和岗位，其责任内容、范围、考核标准要简明扼要、清晰明确、便于操作、适时更新。企业一线从业人员的安全生产责任制，要力求通俗易懂。

（六）加强落实企业全员安全生产责任制的考核管理。企业要建立健全安全生产责任制管理考核制度，对全员安全生产责任制落实情况进行考核管理。要健全激励约束机制，通过奖励主动落实、全面落实责任，惩处不落实责任、部分落实责任，不断激发全员参与安全生产工作的积极性和主动性，形成良好的安全文化氛围。

《水利工程建设安全生产管理规定》(水利部令第50号)

第十八条　施工单位主要负责人依法对本单位的安全生产工作全面负责。施工单位应当建立健全安全生产责任制度和安全生产教育培训制度，制定安全生产规章制度和操作规程，保证本单位建立和完善安全生产条件所需资金的投入，对所承担的水利工程进行定期和专项安全检查，并做好安全检查记录。施工单位的项目负责人应当由取得相应执业资格的人员担任，对水利工程建设项目的安全施工负责，落实安全生产责任制度、安全生产规章制度和操作规程，确保安全生产费用的有效使用，并根据工程的特点组织制定安全施工措施，消除安全事故隐患，及时、如实报告生产安全事故。

《建筑施工企业安全生产管理规范》(GB 50656—2011)

4.0.3　安全管理目标应分解到各管理层及相关职能部门，并定期进行考核。企业各管理层和相关职能部门应根据企业安全管理目标的要求制定自身管理目标和措施，共同保证目标实现。

5.0.4　建筑施工企业各管理层、职能部门、岗位的安全生产责任应形成责任书，并经责任部门或责任人确认。责任书的内容应包括安全生产职责、目标、考核奖惩规定等。

《水利水电工程施工安全管理导则》(SL 721—2015)

3.2.5　各参建单位应加强内部目标管理，逐级签订安全生产目标责任书，实行分级控制。

4.5.1　各参建单位应当建立健全以主要负责人为核心的安全生产责任制，明确各级负责人、各职能部门和各岗位责任人员、责任范围和考核标准。

4.5.4　施工单位主要负责人应履行下列安全管理职责：

1　贯彻执行国家法律、法规、规章、制度和标准，建立健全安全生产责任制，组织制定安全生产管理制度、安全生产目标计划、生产安全事故应急救援预案；

2　保证安全生产费用的足额投入和有效使用；

3　组织安全教育和培训，依法为从业人员办理保险；

4　组织编制、落实安全技术措施和专项施工方案；

5　组织危险性较大的单项工程、重大事故隐患治理和特种设备验收；

6　组织事故应急救援演练；

7　组织安全生产检查，制定隐患整改措施并监督落实；

8　及时、如实报告生产安全事故，组织生产安全事故现场保护与抢救工作，组织、配合事故的调查等。

4.5.5　施工单位技术负责人主要负责项目施工安全技术管理工作，其应履行下列安全管理职责：

1　组织施工组织设计、专项工程施工方案、重大事故隐患治理方案的编制和审查；

2　参与制定安全生产管理规章制度和安全生产目标管理计划；

3　组织工程安全技术交底；

4　组织事故隐患排查、治理；

5　组织项目施工安全重大危险源的识别、控制和管理；

6　参与或配合生产安全事故的调查等。

4.5.6　施工单位专职安全生产管理人员应履行下列安全管理职责：

1　组织或参与制定安全生产各项管理规章制度，操作规程和生产安全事故应急救援预案；

2　协助施工单位主要负责人签订安全生产目标责任书，并进行考核；

3　参与编制施工组织设计和专项施工方案、制定并监督落实重大危险源安全管理防护和重大事故隐患治理措施；

4　协助项目负责人开展安全教育培训、考核；

5　负责安全生产日常检查，建立安全生产管理台账；

6　制止和纠正违章指挥、强令冒险作业和违反劳动纪律的行为；

7　编制安全生产费用使用计划并监督落实；

8　参与或监督班前安全活动和安全技术交底；

9　参与事故应急救援演练；

10　参与安全设施设备、危险性较大的单项工程、重大事故隐患治理验收；

11　及时报告生产安全事故，配合调查处理；

12　负责安全生产管理资料收集、整理和归档等。

4.5.7　班组长应履行下列安全管理职责：

1　执行国家法律、法规、规章、制度和和安全操作规程，掌握班组人员的健康状况；

2　组织学习安全操作规程，监督个人劳动保护用品的正确使用；

3　负责安全技术交底和班前教育；

4　检查作业现场安全生产状况，及时发现纠正的问题；

5　组织实施安全防护、危险源管理和事故隐患治理等。

4.5.8　各参建单位应对其负有施工安全管理责任的其他人员、其他部门的职责予以明确。

4.5.10　各参建单位每季度应对各部门、人员安全生产责任制落实情况进行检查、考核，并根据考核结果进行奖惩。

4.5.12　各参建单位应根据评审情况，更新并保证安全生产责任制的适宜性。更新后的安全生产责任制应按规定进行备案，并以文件形式重新印发。

《水利水电施工企业安全生产标准化评审标准》（水利部办安监〔2018〕52号）

1.1.4 逐级签订安全生产责任书，并制定目标保证措施。

★ 应开展的基础工作

（1）施工项目应结合本项目组织机构设置、人员分工的情况，合理制定项目的安全生产责任制，所有岗位人员的安全责任均应明确，责任制应以正式文件下发。

（2）施工项目应对安全生产目标进行分解，并逐级签订安全生产目标责任书。

（3）施工项目应对各部门、人员安全生产责任制落实情况进行检查、考核。

● 违规行为标准条文

11. 未建立或落实安全生产管理制度、安全操作规程

◆ 法律、法规、规范性文件和技术标准要求

《中华人民共和国安全生产法》（主席令第13号）

第四条 生产经营单位必须遵守本法和其他有关安全生产的法律、法规，加强安全生产管理，建立、健全安全生产责任制和安全生产规章制度，改善安全生产条件，推进安全生产标准化建设，提高安全生产水平，确保安全生产。

第十八条 生产经营单位的主要负责人对本单位安全生产工作负有下列职责：

（二）组织制定本单位安全生产规章制度和操作规程；

第二十二条 生产经营单位的安全生产管理机构以及安全生产管理人员履行下列职责：

（一）组织或者参与拟订本单位安全生产规章制度、操作规程和生产安全事故应急救援预案；

第四十一条 生产经营单位应当教育和督促从业人员严格执行本单位的安全生产规章制度和安全操作规程；并向从业人员如实告知作业场所和工作岗位存在的危险因素、防范措施以及事故应急措施。

《企业安全生产标准化基本规范》（GB/T 33000—2016）

5.2.2 规章制度

企业应建立健全安全生产和职业卫生规章制度，并征求工会及从业人员意见和建议，规范安全生产和职业卫生管理工作。企业应确保从业人员及时获取制度文本。

5.2.3 操作规程

企业应按照有关规定，结合本企业生产工艺、作业任务特点以及岗位作业安全风险与职业病防护要求，编制齐全适用的岗位安全生产和职业卫生操作规程，发放到相关岗位员

工，并严格执行。

《建设工程安全生产管理条例》（国务院令第393号）

第二十一条　施工单位主要负责人依法对本单位的安全生产工作全面负责。施工单位应当建立健全安全生产责任制度和安全生产教育培训制度，制定安全生产规章制度和操作规程，保证本单位安全生产条件所需资金的投入，对所承担的建设工程进行定期和专项安全检查，并做好安全检查记录。

施工单位的项目负责人应当由取得相应执业资格的人员担任，对建设工程项目的安全施工负责，落实安全生产责任制度、安全生产规章制度和操作规程，确保安全生产费用的有效使用，并根据工程的特点组织制定安全施工措施，消除安全事故隐患，及时、如实报告生产安全事故。

第三十三条　作业人员应当遵守安全施工的强制性标准、规章制度和操作规程，正确使用安全防护用具、机械设备等。

《水利水电工程施工安全管理导则》（SL 721—2015）

5.1.2　项目法人应及时组织有关参建单位识别适用的安全生产法律、法规、规章、制度和标准，并于工程开工前将《适用的安全生产法律、法规、规章、制度和标准的清单》书面通知各参建单位。各参建单位应将法律、法规、规章、制度和标准的相关要求转化为内部管理制度贯彻执行。

对国家、行业主管部门新发布的安全生产法律、法规、规章、制度和标准，项目法人应及时组织参建单位识别，并将适用的文件清单及时通知有关参建单位。

5.1.3　工程开工前，项目法人应组织制订各项安全生产管理制度，并报项目主管部门备案；涉及各参建单位的安全生产管理制度，应书面通知相关单位；各参建单位的安全生产管理制度应报项目法人备案。

5.1.6　施工单位应建立但不限于下列安全生产管理制度：

1　安全生产目标管理制度；2　安全生产责任制度；3　安全生产考核奖惩制度；4　安全生产费用管理制度；5　意外伤害保险管理制度；6　安全技术措施审查制度；7　分包（供）管理制度；8　用工管理、安全生产教育培训制度；9　安全防护用品、设施管理制度；10　生产设备、设施安全管理制度；11　安全作业管理制度；12　生产安全事故隐患排查治理制度；13　危险物品和重大危险源管理制度；14　安全例会、技术交底制度；15　危险性较大的专项工程验收制度；16　文明施工、环境保护制度；17　消防安全、社会治安管理制度；18　职业卫生、健康管理制度；19　应急管理制度；20　事故管理制度；21　安全档案管理制度等。

5.1.9　施工单位应根据作业、岗位、工种特点和设备安全技术要求，引用或编制安全操作规程，发放到相关作业人员，并报监理单位备案。

《水利水电施工企业安全生产标准化评审标准》（水利部办安监〔2018〕52号）

2.2.1　及时将识别、获取的安全生产法律法规和其他要求转化为本单位规章制度，结合本单位实际，建立健全安全生产规章制度体系。

2.2.2　及时将安全生产规章制度发放到相关工作岗位，并组织培训。

2.3.1 引用或编制安全操作规程，确保从业人员参与安全操作规程的编制和修订工作。

2.3.3 安全操作规程应发放到相关作业人员。

★ 应开展的基础工作

（1）施工项目的安全生产管理制度和安全生产操作规程应结合项目实际来制定，或执行本单位的相关制度，不得照抄或生搬硬套。

（2）施工项目应以正式文件下发安全生产管理制度和安全生产操作规程。

（3）所有的制度和安全操作规程均应下发并组织培训学习，应落实到每一位作业人员，做好相关记录。

（4）安全操作规程的下发和学习应有针对性，不同工种、岗位应下发、学习相应的操作规程。

● 违规行为标准条文

12. 未健全安全生产管理制度、安全操作规程，或针对性差

◆ 法律、法规、规范性文件和技术标准要求

《水利水电工程施工安全管理导则》（SL 721—2015）

5.1.8 安全生产管理制度应至少包含以下内容：

1 工作内容；

2 责任人（部门）的职责与权限；

3 基本工作程序及标准。

5.1.9 施工单位应根据作业、岗位、工种特点和设备安全技术要求，引用或编制安全操作规程，发放到相关作业人员，并报监理单位备案。

《企业安全生产标准化基本规范》（GB/T 33000—2016）

5.2.3 操作规程

企业应按照有关规定，结合本企业生产工艺、作业任务特点以及岗位作业安全风险与职业病防护要求，编制齐全适用的岗位安全生产和职业卫生操作规程，发放到相关岗位员工，并严格执行。

《水利水电施工企业安全生产标准化评审标准》（水利部办安监〔2018〕52号）

2.2.1 及时将识别、获取的安全生产法律法规和其他要求转化为本单位规章制度，结合本单位实际，建立健全安全生产规章制度体系。

规章制度应包括但不限于：1. 目标管理；2. 安全生产责任制；3. 法律法规标准规范管理；4. 安全生产承诺；5. 安全生产费用管理；6. 意外伤害保险管理；7. 安全生产信息

化；8. 安全技术措施审查管理（包括安全技术交底及新技术、新材料、新工艺、新设备设施）；9. 文件、记录和档案管理；10. 安全风险管理、隐患排查治理；11. 职业病危害防治；12. 教育培训；13. 班组安全活动；14. 安全设施与职业病防护设施“三同时”管理；15. 特种作业人员管理；16. 设备设施管理；17. 交通安全管理；18. 消防安全管理；19. 防洪度汛安全管理；20. 施工用电安全管理；21. 危险物品和重大危险源管理；22. 危险性较大的单项工程管理；23. 安全警示标志管理；24. 安全预测预警；25. 安全生产考核奖惩管理；26. 相关方安全管理（包括工程分包方安全管理）；27. 变更管理；28. 劳动防护用品（具）管理；29. 文明施工、环境保护管理；30. 应急管理；31. 事故管理；32. 绩效评定管理。

2.3.2　新技术、新材料、新工艺、新设备设施投入使用前，组织编制或修订相应的安全操作规程，并确保其适宜性和有效性。

★　应开展的基础工作

（1）安全生产管理制度应做到目的明确、责任清楚、流程清晰、标准明确，能够有效规范管理。编制过程中应注意：

1）与国家的安全法律、法规和技术标准保持协调一致，有利于国家安全生产法律法规的贯彻落实。

2）广泛吸收国内外安全生产管理的经验，并密切结合自身实际情况，力求使之具有先进性、科学性和可行性。

3）覆盖安全生产的各个方面，形成体系，无死角和漏洞。

4）遵循“5W2H”的编写原则，从管理事项的目的、对象、时间、地点、人员和方法入手，寻求解决问题的答案。5W2H：Why——为什么，为什么这么做，原因是什么，理由是什么；What——是什么，目的是什么，做什么工作；Where——何处，在哪儿做，从哪里入手；When——何时，什么时间完成，什么时间最适宜；Who——谁，由谁来完成，谁负责；How——怎样做，怎么做，是用什么工具设备，用什么方法做；How much——多少，做到什么程度，数量、质量、费用等如何。

（2）施工项目编制执行的安全生产操作规程必须包含项目所有工种（含特殊工种）和机械设备。

（3）安全生产管理制度和安全操作规程的编制应考虑编写人员的素质和能力，应采取“老中青”和“工技管”相结合的方式，形成一支优势互补的编写队伍。特别是安全操作规程的编制，在《水利水电施工企业安全生产标准化评审标准》（水利部办安监〔2018〕52号）2.3.1条款的评审方法及评分标准中明确规定：规程的编制和修订工作无从业人员参与，每项扣1分。

●　违规行为标准条文

13. 特种作业人员未持证上岗

◆ 法律、法规、规范性文件和技术标准要求

《中华人民共和国安全生产法》（主席令第13号）

第二十七条　生产经营单位的特种作业人员必须按照国家有关规定经专门的安全作业培训，取得相应资格，方可上岗作业。特种作业人员的范围由国务院安全生产监督管理部门会同国务院有关部门确定。

《特种设备作业人员监督管理办法》（国家质量监督检验检疫总局令第140号）

第五条　特种设备生产、使用单位（以下统称用人单位）应当聘（雇）用取得《特种设备作业人员证》的人员从事相关管理和作业工作，并对作业人员进行严格管理。

特种设备作业人员应当持证上岗，按章操作，发现隐患及时处置或者报告。

《特种作业人员安全技术培训考核管理规定》（安监总局令第80号）

第五条　特种作业人员必须经专门的安全技术培训并考核合格，取得《中华人民共和国特种作业操作证》（以下简称特种作业操作证）后，方可上岗作业。

第三十二条　离开特种作业岗位6个月以上的特种作业人员，应当重新进行实际操作考试，经确认合格后方可上岗作业。

《建设工程安全生产管理条例》（国务院令第393号）

第二十五条　垂直运输机械作业人员、安装拆卸工、爆破作业人员、起重信号工、登高架设作业人员等特种作业人员，必须按照国家有关规定经过专门的安全作业培训，并取得特种作业操作资格证书后，方可上岗作业。

《水利工程建设安全生产管理规定》（水利部令第50号）

第二十二条　垂直运输机械作业人员、安装拆卸工、爆破作业人员、起重信号工、登高架设作业人员等特种作业人员，必须按照国家有关规定经过专门的安全作业培训，并取得特种作业操作资格证书后，方可上岗作业。

《水利水电工程施工通用安全技术规程》（SL 398—2007）

4.1.2　从事电气作业的人员应持证上岗；非电工及无证人员严禁从事电气作业。

5.3.9　从事脚手架工作的人员，应熟悉各种架子的基本技术知识和技能，并应持有国家特种作业主管部门考核的合格证。

9.1.2　凡从事焊接与气割的工作人员，应熟知本标准及有关安全知识，并经过专业培训考核取得操作证，持证上岗。

《水利水电工程施工安全管理导则》（SL 721—2015）

9.1.7　施工单位应在特种设备作业人员（含分包商、租赁的特种设备操作人员）入场时确认其证件的有效性，经监理单位审核确认，报项目法人备案。

《水利水电施工企业安全生产标准化评审标准》（水利部办安监〔2018〕52号）

3.2.3　特种作业人员接受规定的安全作业培训，并取得特种作业操作资格证书后上

岗作业；特种作业人员离岗6个月以上重新上岗，应经实际操作考核合格后上岗工作；建立健全特种作业人员档案。

★ 应开展的基础工作

(1) 施工项目涉及的特种作业人员均要持证上岗，留存证书的复印件。

(2) 施工项目应严格进行特种作业人员和特种设备作业人员的管理，建立特种作业人员清单，定期对证件的有效性进行检查核验，确保作业人员的证件持续有效，始终持证上岗。

(3) 施工项目对特种作业人员的管理要全面，特别是某些临时性作业，如起重等，更应做好安全管理，在核验、收集证件的同时，必须进行安全告知、作业交底等。

● 违规行为标准条文

14. 未编制安全生产费用使用计划，或未报监理单位审核和项目法人同意

◆ 法律、法规、规范性文件和技术标准要求

《水利水电工程施工安全管理导则》(SL 721—2015)

6.2.4　施工单位应在开工前编制安全生产费用使用计划，经监理单位审核，报项目法人同意后执行。

《水利水电施工企业安全生产标准化评审标准》(水利部办安监〔2018〕52号)

1.4.3　根据安全生产需要编制安全生产费用使用计划，并严格审批程序，建立安全生产费用使用台账。

★ 应开展的基础工作

(1) 施工项目应在开工前编制安全生产费用使用计划，并报监理、业主审核批准。

(2) 安全费用使用计划应结合项目的实际情况、合理制定，不应照搬、照抄，根据施工项目特点有侧重点的合理调配安全生产费用。

● 违规行为标准条文

15. 安全生产投入不足，未按规定提取安全生产措施费用

◆ 法律、法规、规范性文件和技术标准要求

《中华人民共和国安全生产法》(主席令第13号)

第二十条　生产经营单位应当具备的安全生产条件所必需的资金投入，由生产经营单

位的决策机构、主要负责人或者个人经营的投资人予以保证，并对由于安全生产所必需的资金投入不足导致的后果承担责任。有关生产经营单位应当按照规定提取和使用安全生产费用，专门用于改善安全生产条件。

《企业安全生产费用提取和使用管理办法》(财政部、国家安全生产监督管理总局财企〔2012〕16号)

第七条　建设工程施工企业以建筑安装工程造价为计提依据。各建设工程类别安全费用提取标准如下：

（二）房屋建筑工程、水利水电工程、电力工程、铁路工程、城市轨道交通工程为2.0%……

建设工程施工企业提取的安全费用列入工程造价，在竞标时，不得删减，列入标外管理。国家对基本建设投资概算另有规定的，从其规定总包单位应当将安全费用按比例直接支付分包单位并监督使用，分包单位不再重复提取。

《安全生产违法行为行政处罚办法》(国家安全生产监督管理总局令第77号)

第四十三条　生产经营单位的决策机构、主要负责人、个人经营的投资人（包括实际控制人，下同）未依法保证下列安全生产所必需的资金投入之一，致使生产经营单位不具备安全生产条件的，责令限期改正，提供必需的资金，可以对生产经营单位处1万元以上3万元以下罚款，对生产经营单位的主要负责人、个人经营的投资人处5000元以上1万元以下罚款；逾期未改正的，责令生产经营单位停产停业整顿：

（一）提取或者使用安全生产费用；

（二）用于配备劳动防护用品的经费；

（三）用于安全生产教育和培训的经费；

（四）国家规定的其他安全生产所必须的资金投入。

《关于进一步加强水利建设项目安全设施“三同时”的通知》(水利部水安监〔2015〕298号)

第二条　足额提取安全生产措施费，保证安全保障措施落实到位……项目建设单位应充分考虑现场施工现场安全作业的需要，足额提取安全生产措施费，落实安全保障措施，不断改善职工的劳动保护条件和生产作业环境，保证水利工程建设项目配置必要安全生产设施，保障水利建设项目参建人员的劳动安全。

《水利水电工程施工安全管理导则》(SL 721—2015)

6.2.3　安全生产费用应当按照以下范围使用：

1　完善、改造和维护安全防护设施设备支出（不含“三同时”要求初期投入的安全设施），包括施工现场临时用电系统、洞口、临边、机械设备、高处作业防护、交叉作业防护、防火、防爆、防尘、防毒、防雷、防台风、防地质灾害、地下工程有害气体监测、通风、临时安全防护等设施设备支出；

2　配备、维护、保养应急救援器材、设备支出和应急演练支出；

3　开展重大危险源和事故隐患排查、评估、监控和整改支出；

4　安全生产检查、评估、咨询和标准化建设支出；

5　配备和更新现场作业人员安全防护用品支出；

6　安全生产宣传、教育、培训支出；

7　适用的安全生产新技术、新标准、新工艺、新装备的推广应用支出；

8　安全设施及特种设备检测、检验支出；

9　安全生产信息化建设及相关设备支出；

10　其他与安全生产直接相关的支出。

《水利水电施工企业安全生产标准化评审标准》(水利部办安监〔2018〕52号)

1.4.2　按照规定足额提取安全生产费用；在编制投标文件时将安全生产费用列入工程造价。

★ 应开展的基础工作

(1) 施工项目应根据批复的安全费用使用计划，合理做好安全费用的实际使用。

(2) 施工项目财务人员应及时按要求做好安全费用的提取，并对安全费用的使用情况做好审核检查。

(3) 施工项目应及时做好安全费用支出的月使用登记台账。

(4) 安全投入不仅仅是购买的物品，包括的内容很多，比如：培训、演练、检查、整改、保险以及现场警示标牌、安全防护措施的检查、维护产生的费用。

● 违规行为标准条文

16. 挤占、挪用安全管理措施费用

◆ 法律、法规、规范性文件和技术标准要求

《中华人民共和国安全生产法》(主席令第13号)

第二十条　生产经营单位应当具备的安全生产条件所必需的资金投入，由生产经营单位的决策机构、主要负责人或者个人经营的投资人予以保证，并对由于安全生产所必需的资金投入不足导致的后果承担责任。有关生产经营单位应当按照规定提取和使用安全生产费用，专门用于改善安全生产条件。

《企业安全生产费用提取和使用管理办法》(财政部、国家安全生产监督管理总局财企〔2012〕16号)

第十九条　建设工程施工企业安全费用应当按照以下范围使用：

(一) 完善、改造和维护安全防护设施设备支出（不含“三同时”要求初期投入的安全设施），包括施工现场临时用电系统、洞口、临边、机械设备、高处作业防护、交叉作业防护、防火、防爆、防尘、防毒、防雷、防台风、防地质灾害、地下工程有害气体监

测、通风、临时安全防护等设施设备支出；

（二）配备、维护、保养应急救援器材、设备支出和应急演练支出；

（三）开展重大危险源和事故隐患评估、监控和整改支出；

（四）安全生产检查、评价（不包括新建、改建、扩建项目安全评价）、咨询和标准化建设支出；

（五）配备和更新现场作业人员安全防护用品支出；

（六）安全生产宣传、教育、培训支出；

（七）安全生产适用的新技术、新标准、新工艺、新装备的推广应用支出；

（八）安全设施及特种设备检测检验支出；

（九）其他与安全生产直接相关的支出。

第二十七条　企业提取的安全费用应当专户核算，按规定范围安排使用，不得挤占、挪用。年度结余资金结转下年度使用，当年计提安全费用不足的，超出部分按正常成本费用渠道列支。

主要承担安全管理责任的集团公司经过履行内部决策程序，可以对所属企业提取的安全费用按照一定比例集中管理，统筹使用。

《水利水电施工企业安全生产标准化评审标准》（水利部办安监〔2018〕52号）

1.4.4　落实安全生产费用使用计划，并保证专款专用。

★ 应开展的基础工作

（1）施工项目的安全生产费用应做到专款专用，不应挪作他用。

（2）施工项目相关人员应熟知哪些费用可以作为安全投入费用，哪些不是，严禁将非安全生产费用计入安全科目。

（3）施工项目财务人员在报销或拨款时应对安全费用的使用情况做好审核检查。

● 违规行为标准条文

17. 未建立安全费用使用台账

◆ 法律、法规、规范性文件和技术标准要求

《水利水电工程施工安全管理导则》（SL 721—2015）

6.2.5　施工单位提取的安全费用应专门核算，建立安全费用使用台账。台账应按月度统计、年度汇总。

《水利水电施工企业安全生产标准化评审标准》（水利部办安监〔2018〕52号）

1.4.3　根据安全生产需要编制安全生产费用使用计划，并严格审批程序，建立安全生产费用使用台账。

★ 应开展的基础工作

（1）施工项目的安全费用使用情况应及时进行登记，形成台账。
（2）安全费用使用台账内容应全面。
（3）施工项目相关人员应留好相关的票据复印件等作为辅助资料。

● 违规行为标准条文

18. 未定期组织对本单位安全生产费用使用情况进行检查

◆ 法律、法规、规范性文件和技术标准要求

《水利水电工程施工安全管理导则》（SL 721—2015）

6.2.10　各参建单位应定期组织对本单位（包括分包单位）安全专项费用使用情况进行检查。对存在的问题，相关单位应进行整改。

《水利水电施工企业安全生产标准化评审标准》（水利部办安监〔2018〕52号）

1.4.5　每年对安全生产费用的落实情况进行检查、总结和考核，并以适当方式公开安全生产费用提取和使用情况。

★ 应开展的基础工作

安全管理费用的使用应公开透明且专款专用。施工项目应组织人员定期进行安全生产费用使用情况检查，留存相应记录。

技术方案管理

● 违规行为标准条文

19. 未编制危险性较大的单项工程专项施工方案，或未按规定进行审查论证

◆ 法律、法规、规范性文件和技术标准要求

《水利工程建设安全生产管理规定》(水利部令第50号)

第二十三条　施工单位应当在施工组织设计中编制安全技术措施和施工现场临时用电方案，对下列达到一定规模的危险性较大的工程应当编制专项施工方案，并附具安全验算结果，经施工单位技术负责人签字以及总监理工程师核签后实施，由专职安全生产管理人员进行现场监督：

（一）基坑支护与降水工程；

（二）土方和石方开挖工程；

（三）模板工程；

（四）起重吊装工程；

（五）脚手架工程；

（六）拆除、爆破工程；

（七）围堰工程；

（八）其他危险性较大的工程。

对前款所列工程中涉及高边坡、深基坑、地下暗挖工程、高大模板工程的专项施工方案，施工单位还应当组织专家进行论证、审查。

《水利水电工程施工安全管理导则》(SL 721—2015)

7.3.1　施工单位应在施工前，对达到一定规模的危险性较大的专项工程编制专项施工方案（见附录A)；对于超过一定规模的危险性较大的专项工程（见附录A)，施工单位应组织专家对专项施工方案进行审查论证。

附录A　危险性较大的单项工程

A.0.1　达到一定规模的危险性较大的单项工程，主要包括下列工程：

1　基坑支护、降水工程。开挖深度超过3（含）～5m或虽未超过3m但地质条件和周边环境复杂的基坑（槽）支护、降水工程。

2　土方和石方开挖工程。开挖深度超过3（含）～5m的基坑（槽）的土方和石方开

挖工程。

3　模板工程及支撑体系。

1）大模板等工具式模板工程；

2）混凝土模板支撑工程：搭设高度5（含）～8m；搭设跨度10（含）～18m；施工总荷载10（含）～15kN/m^2；集中线荷载15（含）～20kN/m；高度大于支撑水平投影宽度且相对独立无联系构件的混凝土模板支撑工程；

3）承重支撑体系：用于钢结构安装等满堂支撑体系。

4　起重吊装及安装拆卸工程。

1）采用非常规起重设备、方法，且单件起吊重量在10（含）～100kN及以上的起重吊装工程；

2）采用起重机械进行安装的工程；

3）起重机械设备自身的安装、拆卸。

5　脚手架工程。

1）搭设高度24（含）～50m的落地式钢管脚手架工程；

2）附着式整体和分片提升脚手架工程；

3）悬挑式脚手架工程；

4）吊篮脚手架工程；

5）自制卸料平台、移动操作平台工程；

6）新型及异型脚手架工程。

6　拆除、爆破工程。

7　围堰工程。

8　水上作业工程。

9　沉井工程。

10　临时用电工程。

11　起吊危险性较大的工程。

A.0.2　超过一定规模的危险性较大的单项工程，主要包括下列工程：

1　深基坑工程。

1）开挖深度超过5m（含）的基坑（槽）的土方开挖、支护、降水工程；

2）开挖深度虽未超过5m，但地质条件、周围环境和地下管线复杂，或影响毗邻建筑（构筑）物安全的基坑（槽）的土方开挖、支护、降水工程。

2　模板工程及支撑体系。

1）工具式模板工程：包括滑模、爬模、飞模工程；

2）混凝土模板支撑工程：搭设高度8m及以上；搭设跨度18m及以上；施工总荷载15kN/m^{2}及以上；集中线荷载20kN/m及以上；

3）承重支撑体系：用于钢结构安装等满堂支撑体系，承受单点集中荷载700kg以上。

3　起重吊装及安装拆卸工程。

1）采用非常规起重设备、方法，且单件起吊重量在100kN及以上的起重吊装工程；

2）起重量300kN及以上的起重设备安装工程；高度200m及以上内爬起重设备的拆除工程。

4 脚手架工程。

1）搭设高度50m及以上落地式钢管脚手架工程；

2）提升高度150m及以上附着式整体和分片提升脚手架工程；

3）架体高度20m及以上悬挑式脚手架工程。

5 拆除、爆破工程。

1）采用爆破拆除的工程；

2）可能影响行人、交通、电力设施、通信设施或其他建、构筑物安全的拆除工程；

3）文物保护建筑、优秀历史建筑或历史文化风貌区控制范围的拆除工程。

6 其他。

1）开挖深度超过16m的人工挖孔桩工程；

2）地下暗挖工程、顶管工程、水下作业工程；

3）采用新技术、新工艺、新材料、新设备及尚无相关技术标准的危险性较大的单项工程。

《水利水电施工企业安全生产标准化评审标准》（水利部办安监〔2018〕52号）

4.2.2 施工技术管理

设置施工技术管理机构，配足施工技术管理人员，建立施工技术管理制度，明确职责、程序及要求；工程开工前，应参加设计交底，并进行施工图会审；对施工现场安全管理和施工过程的安全控制进行全面策划，编制安全技术措施，并进行动态管理；达到一定规模的危险性较大单项工程应编制专项施工方案，超过一定规模的危险性较大单项工程的专项施工方案，应组织专家论证；施工组织设计、施工方案等技术文件的编制、审核、批准、备案规范；施工前按规定分层次进行交底，并在交底书上签字确认；专项施工方案实施时安排专人现场监护，方案编制人员、技术负责人应现场检查指导。

《危险性较大的分部分项工程安全管理规定》（住房和城乡建设部令第37号）

第十条 施工单位应当在危大工程施工前组织工程技术人员编制专项施工方案。实行施工总承包的，专项施工方案应当由施工总承包单位组织编制。危大工程实行分包的，专项施工方案可以由相关专业分包单位组织编制。

第十一条 专项施工方案应当由施工单位技术负责人审核签字、加盖单位公章，并由总监理工程师审查签字、加盖执业印章后方可实施。危大工程实行分包并由分包单位编制专项施工方案的，专项施工方案应当由总承包单位技术负责人及分包单位技术负责人共同审核签字并加盖单位公章。

第十二条 对于超过一定规模的危大工程，施工单位应当组织召开专家论证会对专项施工方案进行论证。实行施工总承包的，由施工总承包单位组织召开专家论证会。专家论证前专项施工方案应当通过施工单位审核和总监理工程师审查。专家应当从地方人民政府住房城乡建设主管部门建立的专家库中选取，符合专业要求且人数不得少于5名。与本工

程有利害关系的人员不得以专家身份参加专家论证会。

第十三条　专家论证会后，应当形成论证报告，对专项施工方案提出通过、修改后通过或者不通过的一致意见。专家对论证报告负责并签字确认。专项施工方案经论证需修改后通过的，施工单位应当根据论证报告修改完善后，重新履行本规定第十一条的程序。专项施工方案经论证不通过的，施工单位修改后应当按照本规定的要求重新组织专家论证。

★　应开展的基础工作

（1）施工项目应根据上述法律条款的描述对本项目的施工内容进行辨识，判定是否存在危大工程或超危大工程施工内容。

（2）达到一定规模的危险性较大的专项工程，项目技术负责人应组织编制专项施工方案，专项施工方案经单位技术负责人、总监理工程师审批后组织实施。

（3）危大工程专项施工方案的主要内容如下：

1）工程概况：危大工程概况和特点、施工平面布置、施工要求和技术保证条件。

2）编制依据：相关法律、法规、规范性文件、标准、规范及施工图设计文件、施工组织设计等。

3）施工计划：包括施工进度计划、材料与设备计划。

4）施工工艺技术：技术参数、工艺流程、施工方法、操作要求、检查要求等。

5）施工安全保证措施：组织保障措施、技术措施、监测监控措施等。

6）施工管理及作业人员配备和分工：施工管理人员、专职安全生产管理人员、特种作业人员、其他作业人员等。

7）验收要求：验收标准、验收程序、验收内容、验收人员等。

8）应急处置措施。

9）计算书及相关施工图纸。

（4）对于超过一定规模的危险性较大的专项工程，应组织专家对专项施工方案进行审查论证。

1）超过一定规模的危险性较大的专项施工方案由项目技术负责人组织编制，单位技术负责人组织对超过一定规模的危险性较大的专项施工方案进行审核、项目总监理工程师进行审查。

2）超过一定规模的危险性较大的专项施工方案论证。

a）专项施工方案论证的组织。专项施工方案经审查后，由施工单位技术部门组织召开专家论证会。

b）专家论证会参会人员。超过一定规模的危大工程专项施工方案专家论证会的参会人员应包括：①专家；②建设单位项目负责人；③有关勘察、设计单位项目技术负责人及相关人员；④总承包单位和分包单位技术负责人或授权委派的专业技术人员、项目负责人、项目技术负责人、专项施工方案编制人员、项目专职安全生产管理人员及相关人员；⑤监理单位项目总监理工程师及专业监理工程师。

专家应从地方人民政府住房城乡建设主管部门建立的专家库中选取，符合工程技术、经济、质量、安全专业要求且人数不应少于5名。

c）专家论证的内容。对于超过一定规模的危大工程专项施工方案，专家论证的主要内容应包括：①专项施工方案内容是否完整、可行；②专项施工方案计算书和验算依据、施工图是否符合有关标准规范；③专项施工方案是否满足现场实际情况，并能够确保施工安全。

d）专项施工方案修改。超过一定规模的危大工程专项施工方案经专家论证后结论为“通过”的，项目技术负责人参考专家意见修改完善专项施工方案，完善专项施工方案经单位技术负责人、总监理工程师审批后组织实施。

结论为“修改后通过”的，项目技术负责人按照专家意见进行修改，修改后的专项施工方案重新履行有关审核和审查手续后实施，修改情况应及时告知专家。

e）专家论证会后，形成专项施工方案论证报告，对专项施工方案提出通过、修改后通过或者不通过的一致意见。专家及有关参加论证会人员对论证报告负责并签字确认。

(5) 审批后的专项施工方案、审查论证后的超过一定规模的危险性较大的专项施工方案存档。

● 违规行为标准条文

20. 应当验收的危险性较大的单项工程、液氨制冷系统、油库、易燃易爆危险品库房等未验收，或验收不合格进行后续工程施工或投入使用

◆ 法律、法规、规范性文件和技术标准要求

《水利工程建设安全生产管理规定》（水利部令第50号）

第二十四条　施工单位在使用施工起重机械和整体提升脚手架、模板等自升式架设设施前，应当组织有关单位进行验收，也可以委托具有相应资质的检验检测机构进行验收；使用承租的机械设备和施工机具及配件的，由施工总承包单位、分包单位、出租单位和安装单位共同进行验收。验收合格的方可使用。

《水利水电工程施工安全管理导则》（SL 721—2015）

7.3.11　危险性较大的单项工程合成后，监理单位或施工单位应组织有关人员进行验收。验收合格的，经施工单位技术负责人及总监理工程师签字后，方可进行后续工程施工。

《水利水电施工企业安全生产标准化评审标准》（水利部办安监〔2018〕52号）

4.2.3　施工用电管理

按照有关法律法规、技术标准做好施工用电管理。建立施工用电管理制度；按规定编制用电组织设计或制定安全用电和电气防火措施；外电线路及电气设备防护满足要求；配

电系统、配电室、配电箱、配电线路等符合相关规定；自备电源与网供电源的联锁装置安全可靠；接地与防雷满足要求；电动工器具使用管理符合规定；照明满足安全要求；施工用电应经验收合格后投入使用，并定期组织检查。

4.2.4　施工脚手架管理

按照有关法律法规、技术标准做好脚手架管理。建立脚手架安全管理制度；脚手架搭拆前，应编制施工作业指导书或专项施工方案，超过一定规模的危险性较大脚手架工程应经专门设计、方案论证，并严格执行审批程序；脚手架的基础、材料应符合规范要求；脚手架搭设（拆除）应按审批的方案进行交底、签字确认后方可实施；按审批的方案和规程规范搭设（拆除）脚手架，过程中安排专人现场监护；脚手架经验收合格后挂牌使用；在用的脚手架应定期检查和维护，并不得附加设计以外的荷载和用途；在暴雨、台风、暴风雪等极端天气前后组织有关人员对脚手架进行检查或重新验收。

《危险性较大的分部分项工程安全管理规定》（住房和城乡建设部令第37号）

第二十一条　对于按照规定需要验收的危大工程，施工单位、监理单位应当组织相关人员进行验收。验收合格的，经施工单位项目技术负责人及总监理工程师签字确认后，方可进入下一道工序。

危大工程验收合格后，施工单位应当在施工现场明显位置设置验收标识牌，公示验收时间及责任人员。

★　应开展的基础工作

(1) 危险性较大的单项工程验收。危险性较大的单项工程验收由项目技术负责人组织，参加验收人员为：项目负责人、项目技术负责人、专项施工方案编制人员、项目质量管理人员、项目专职安全员及相关人员。

(2) 超过一定规模的危大工程验收。超过一定规模的危大工程验收由项目技术负责人组织，参加人员应包括如下人员：

1) 施工单位技术负责人或授权委派的专业技术人员、项目负责人、项目技术负责人、专项施工方案编制人员、项目质量管理人员、项目专职安全生产管理人员及相关人员。

2) 监理单位项目总监理工程师及专业监理工程师。

3) 有关勘察、设计和监测单位项目技术负责人。

(3) 液氨制冷系统、油库、易燃易爆危险品库房工程施工完毕后的验收，应交由具备相应监测验收资质的单位进行。

(4) 单项工程验收合格的，经施工单位技术负责人及总监理工程师签字后，方可进行后续工程施工（使用），各项验收记录存档。

●　违规行为标准条文

21. 未组织安全技术交底

◆ 法律、法规、规范性文件和技术标准要求

《建设工程安全生产管理条例》(国务院令第393号)

第二十七条　建设工程施工前，施工单位负责项目管理的技术人员应当对有关安全施工的技术要求向施工作业班组、作业人员作出详细说明，并由双方签字确认。

《水利水电工程施工安全管理导则》(SL 721—2015)

7.6.2　工程开工前，施工单位技术负责人应就工程概况、施工方法、施工工艺、施工程序、安全技术措施和专项施工方案，向施工技术人员、施工作业队（区）负责人、工长、班组长和作业人员进行安全交底。

7.6.3　单项工程或专项施工方案施工前，施工单位技术负责人应组织相关技术人员、施工作业队（区）负责人、工长、班组长和作业人员进行全面、详细的安全技术交底。

7.6.4　各工种施工前，技术人员应进行安全作业技术交底。

7.6.5　每天施工前，班组长应向工人进行施工要求、作业环境的安全交底。

7.6.6　交叉作业时，项目技术负责人应根据工程进展情况定期向相关作业队和作业人员进行安全技术交底。

7.6.7　施工过程中，施工条件或作业环境发生变化的，应补充交底；相同项目连续施工超过一个月或不连续重复施工的，应重新交底。

7.6.8　安全技术交底应填写安全交底单，由交底人与被交底人签字确认。安全交底单应及时归档。

7.6.9　安全技术交底必须在施工作业前进行，任何项目在没有交底前不得进行施工作业。

《水利水电施工企业安全生产标准化评审标准》(水利部办安监〔2018〕52号)

4.1.14　设备设施拆除

设备设施拆除前应制订方案，办理作业许可，作业前进行安全技术交底，现场设置警示标志并采取隔离措施，按方案组织拆除。

4.2.2　施工技术管理

设置施工技术管理机构，配足施工技术管理人员，建立施工技术管理制度，明确职责、程序及要求；……施工前按规定分层次进行交底，并在交底书上签字确认……

4.2.12　水上水下作业

按照有关法律法规、技术标准进行水上水下作业。建立水上水下作业安全管理制度；从事可能影响通航安全的水上水下活动应按照有关规定办理《中华人民共和国水上水下活动许可证》；施工船舶应按规定取得合法的船舶证书和适航证书，在适航水域作业；编制专项施工方案，制订应急预案，对作业人员进行安全技术交底，作业时安排专人进行监护。

4.2.14　起重吊装作业

按照有关法律法规、技术标准进行起重吊装作业。作业前应编制起重吊装方案或作业

指导书，向作业人员进行安全技术交底。

4.2.15　临近带电体作业

按照有关法律法规、技术标准进行临近带电体作业。建立临近带电体作业安全管理制度；作业前编制专项施工方案或安全防护措施，向作业人员进行安全技术交底，并办理安全施工作业票，安排专人现场监护。

4.2.18　有（受）限空间作业

按照有关法律法规、技术标准进行有（受）限空间作业。建立有（受）限空间作业安全管理制度；实行有（受）限空间作业审批制度；有（受）限空间作业应当严格遵守“先通风、再检测、后作业”的原则；作业人员必须经安全培训合格方能上岗作业；向作业人员进行安全技术交底。

《危险性较大的分部分项工程安全管理规定》（住房和城乡建设部令第37号）

第十五条　专项施工方案实施前，编制人员或者项目技术负责人应当向施工现场管理人员进行方案交底。

施工现场管理人员应当向作业人员进行安全技术交底，并由双方和项目专职安全生产管理人员共同签字确认。

★　应开展的基础工作

（1）工程开工前，施工单位技术负责人应就工程概况、施工方法、施工工艺、施工程序、安全技术措施和专项施工方案，向项目管理人员、施工技术人员、施工作业队（区）负责人、工长等人员进行安全技术交底。

（2）单项工程、专项工程开工前安全技术交底。单项工程、专项工程开工前安全技术交底由项目技术负责人组织对项目管理人员、施工现场管理人员、工长、班组长、作业人员进行安全交底。交底主要内容为：

1）单项工程、专项工程概况及安全技术措施。

2）项目作业安全风险分析，相应的安全管控措施。

3）施工作业流程、施工作业方法及相应安全生产要求。

4）施工作业条件及施工作业环境。

5）发生事故后的应急处置措施及避险措施。

（3）各工种、机械施工作业前，项目技术部门负责人组织对施工现场作业负责人、现场管理人员、作业（操作）人员进行安全技术交底。交底主要内容为：

1）工种作业、机械安全操作规程。

2）作业过程中的安全注意事项。

3）施工作业、机械操作安全技术要求。

4）危险源、事故隐患的报告。

5）发生事故后的应急措施及事故报告要求。

（4）每日作业前的安全技术交底。每日作业前由班组长向作业人员进行安全技术交底。交底主要内容为：

1）施工作业安全生产要求、安全注意事项。

2）安全防护用品、劳动保护用品的配备及使用。

3）施工作业的风险及管控要求。

4）施工作业环境。

5）发生事故后的应急措施及急救措施。

（5）各项安全技术交底采用文字形式，由交底人、被交底人签字确认，安全管理人员监督执行。

（6）安全技术交底记录应存档。

● 违规行为标准条文

22. 擅自修改、调整专项施工方案

◆ 法律、法规、规范性文件和技术标准要求

《水利水电工程施工安全管理导则》（SL 721—2015）

7.3.9　施工单位应严格按照专项施工方案组织施工，不得擅自修改、调整专项施工方案。

如因设计、结构、外部环境等因素发生变化确需修改的，修改后的专项施工方案应当重新审核。对于超过一定规模的危险性较大工程的专项施工方案，施工单位应重新组织专家进行论证。

《危险性较大的分部分项工程安全管理规定》（住房和城乡建设部建办质〔2018〕31号）

五、关于专项施工方案修改

超过一定规模的危大工程专项施工方案经专家论证后结论为“通过”的，施工单位可参考专家意见自行修改完善；结论为“修改后通过”的，专家意见要明确具体修改内容，施工单位应当按照专家意见进行修改，并履行有关审核和审查手续后方可实施，修改情况应及时告知专家。

★ 应开展的基础工作

（1）项目应按照批准的施工方案组织施工。

（2）确实需要修改专项施工方案的，修订后的专项施工方案经审核审批后组织实施。

（3）修改、审批后的超过一定规模的危险性较大工程的专项施工方案，应重新组织专家进行论证。

设施、设备、材料管理

● 违规行为标准条文

23. 特种设备及大型设备安装、拆除无专项施工方案或专项施工方案未经审批；或特种设备的使用未向有关部门登记，未按规定定期检验

◆ 法律、法规、规范性文件和技术标准要求

《建设工程安全生产管理条例》（国务院令第393号）

第十七条　在施工现场安装、拆卸施工起重机械和整体提升脚手架、模板等自升式架设设施，必须由具有相应资质的单位承担。

安装、拆卸施工起重机械和整体提升脚手架、模板等自升式架设设施，应当编制拆装方案、制定安全施工措施，并由专业技术人员现场监督。

施工起重机械和整体提升脚手架、模板等自升式架设设施安装完毕后，安装单位应当自检，出具自检合格证明，并向施工单位进行安全使用说明，办理验收手续并签字。

第三十五条　施工单位在使用施工起重机械和整体提升脚手架、模板等自升式架设设施前，应当组织有关单位进行验收，也可以委托具有相应资质的检验检测机构进行验收；使用承租的机械设备和施工机具及配件的，由施工总承包单位、分包单位、出租单位和安装单位共同进行验收。验收合格的方可使用。

《特种设备安全监察条例》规定的施工起重机械，在验收前应当经有相应资质的检验检测机构监督检验合格。

施工单位应当自施工起重机械和整体提升脚手架、模板等自升式架设设施验收合格之日起30日内，向建设行政主管部门或者其他有关部门登记。登记标志应当置于或者附着于该设备的显著位置。

《特种设备安全监察条例》（国务院令第549号）

第二十八条　特种设备使用单位应当按照安全技术规范的定期检验要求，在安全检验合格有效期届满前1个月向特种设备检验检测机构提出定期检验要求。

检验检测机构接到定期检验要求后，应当按照安全技术规范的要求及时进行安全性能检验和能效测试。

未经定期检验或者检验不合格的特种设备，不得继续使用。

《水利水电工程施工安全管理导则》(SL 721—2015)

9.2.9 施工单位在安装拆除大型设施设备时，应遵守下列规定：

2 应编制专项施工方案，报监理单位审批；

《水利水电施工企业安全生产标准化评审标准》(水利部办安监〔2018〕52号)

4.1.4 特种设备安装（拆除）

特种设备安装（拆除）单位具备相应资质；安装（拆除）人员具备相应的能力和资格；安装（拆除）特种设备应编制安装（拆除）专项方案，安排专人现场监督，安装完成后组织验收，委托具有专业资质的检测、检验机构检测合格后投入使用；按规定办理使用登记。

4.1.14 设备设施拆除

设备设施拆除前应制订方案，办理作业许可，作业前进行安全技术交底，现场设置警示标志并采取隔离措施，按方案组织拆除。

★ 应开展的基础工作

(1) 特种设备及大型设备安装、拆除应由具有相应资质的单位承担，施工单位安装前应审核建筑起重机械的特种设备制造许可证、产品合格证、制造监督检验证明、备案证明等文件。

(2) 施工项目必须审核安装单位的资质证书、安全生产许可证和特种作业人员的特种作业操作资格证书，留存相关复印件。

(3) 特种设备及大型设备的安装、拆除单位应根据相关设备的使用说明书和作业场地的实际情况编制专项施工方案，施工单位的相关部门审核、技术负责人审批，报监理单位批准后实施。

(4) 安装拆除过程应确定施工范围和警戒范围，进行封闭管理，由专业技术人员现场监督。

(5) 拆除作业开始前，应对风、水、电等动力管线妥善移设防护或切断，拆除作业应自上而下进行，严禁多层或内外同时拆除。

(6) 安装完成使用前应组织有关单位进行验收，也可委托具有相应资质的检验检测机构进行验收。验收合格后方可投入使用。搜集验收的相关资料及检验证明材料。

(7) 特种设备及大型设备验收合格之日起30日内，向建设行政主管部门或者其他有关部门登记。登记标志应置于或者附着于该设备的显著位置。

(8) 施工项目应在安全检验合格有效期届满前1个月向特种设备检验检测机构提出定期检验要求。

● 违规行为标准条文

24. 起重机械上安装非原制造厂制造的标准节和附着装置且无方案及检测，同一作业

区多台起重设备运行无防碰撞方案或未按方案实施

◆ 法律、法规、规范性文件和技术标准要求

《建筑起重机械安全监督管理规定》（建设部令第166号）

第二十条 建筑起重机械在使用过程中需要附着的，使用单位应当委托原安装单位或者具有相应资质的安装单位按照专项施工方案实施，并按照本规定第十六条规定组织验收。验收合格后方可投入使用。

建筑起重机械在使用过程中需要顶升的，使用单位委托原安装单位或者具有相应资质的安装单位按照专项施工方案实施后，即可投入使用。

禁止擅自在建筑起重机械上安装非原制造厂制造的标准节和附着装置。

第二十一条 施工总承包单位应当履行下列安全职责：

（七）施工现场有多台塔式起重机作业时，应当组织制定并实施防止塔式起重机相互碰撞的安全措施。

《水利工程生产安全重大事故隐患判定标准（试行）》（水利部水安监〔2017〕344号）

3 水利工程建设项目重大隐患判定

3.1 直接判定。符合附件1《水利工程建设项目生产安全重大事故隐患直接判定清单（指南）》中的任何一条要素的，可判定为重大事故隐患。

附件1 水利工程建设项目生产安全重大事故隐患直接判定清单（指南）

类 别	管理环节	隐患编号	隐 患 内 容
三、专项工程	起重吊装与运输	SJ－Z017	起重机械上安装非原制造厂制造的标准节和附着装置且无方案及检测
		SJ－Z020	同一作业区多台起重设备运行无防碰撞方案或未按方案实施

《水利水电施工企业安全生产标准化评审标准》（水利部办安监〔2018〕52号）

4.1.7 设备性能及运行环境

作业区域无影响安全运行的障碍物；同一区域有两台以上设备运行可能发生碰撞时，制定安全运行方案。

4.1.12 特种设备管理

安全附件、安全保护装置、安全距离、安全防护措施以及与特种设备安全相关的建筑物、附属设施，应当符合有关规定。

★ 应开展的基础工作

（1）禁止擅自在建筑起重机械上安装非原制造厂制造的标准节和附着装置。

（2）起重机械上安装标准节和附着装置应由原安装单位或者具有相应资质的安装单位

安装。

（3）在安装标准节和附着装置前应编制专项施工方案，安装单位应按方案实施。

（4）标准节和附着装置安装完毕应经有相应资质的检验检测机构监督检验合格。

（5）检验检测机构监督检验合格后应组织出租、安装、监理等有关单位进行验收，或者委托具有相应资质的检验检测机构进行验收。经验收合格后方可投入使用，未经验收或者验收不合格的不应使用。

（6）施工作业区内各施工机具、设备应保持安全距离，且无影响安全运行的障碍物。

（7）同一施工现场使用多台起重机作业时，应制定防止起重机相互碰撞的方案。

● 违规行为标准条文

25. 使用达到报废标准的钢丝绳或钢丝绳的安全系数不符合规范规定

◆ 法律、法规、规范性文件和技术标准要求

《水利水电工程施工通用安全技术规程》（SL 398—2007）

7.2.8　钢丝绳

1 钢丝绳的安全系数应符合 7.2.8-1 的规定。

表 7.2.8-1　　钢丝绳安全系数 *K*

起重机类型	特性和使用范围		钢丝绳最小安全系数
	手传动		4.5
桅杆式起重机　自行式起重机及其他类型的起重机和卷扬机	机械传动	轻型	5
		中型	5.5
		重型	6
1t 以下手动卷扬机			4
缆索式起重机	承担重量的钢丝绳		3.5
各种用途的钢丝绳	运输热金属、易燃物、易爆物		6
	拖拉绳、缆风绳		3.5
	载人的升降机、吊篮绳		14

2　钢丝绳有下列情况之一，应予报废：

1）钢丝绳的断丝数达到表 7.2.8-2 所规定的数值时。

表 7.2.8-2　　钢丝绳断丝数量报废数值

钢丝绳型号	6d 内断丝数	30d 内断丝数
6×19+NF	5	10
6×37+NF	10	19

注：钢丝绳表面可见断丝总数超过表内规定的数值则应报废。当吊运熔化或赤热金属、酸溶液、爆炸物、易燃易爆及有毒物品时，表中断丝数应减少一半。

2）当吊运熔化或炽热金属、酸溶液、爆炸物、易燃物及有毒物品时，表7.2.8－2所规定的断丝数相应减少一半。

3）断丝紧靠在一起形成局部聚集时。

4）出现整根绳股的断裂时。

5）当钢丝绳的纤维芯损坏或绳芯（或多层结构中的内部绳股）断裂而造成绳径显著减少时。

6）钢丝绳的弹性显著减少，虽未发现断丝，但钢丝绳明显的不易弯曲和直径减小时。

7）当外层钢丝磨损达到其直径的40%；钢丝绳直径相对于公称直径减小7%或更多时。

8）当钢丝绳表面因腐蚀而出现深坑，钢丝相当松弛时。

9）当确认钢丝绳有严重的内部腐蚀。

10）钢丝绳压扁变形及表面起毛刺严重。

11）当钢丝绳出现笼状畸变、严重的钢丝挤出、绳径局部严重增大或减小、扭结、压扁、波形变形等情况之一时。

12）由于热或电弧的作用而引起损坏的钢丝绳应予以报废。

13）钢丝绳受冲击负荷后，长度伸长超过0.5%时。

《水利水电工程土建施工安全技术规程》（SL 399—2007）

3.5.5　钢丝绳和提升装置应遵守下列规定：

1　提升用的钢丝绳应每天检查一次，每隔六个月试验一次，其安全系数规定为：升降人员的安全系数应大于8，升降，物料的安全系数应大于6；其断丝的面积和钢丝绳总面积之比，升降物料的应小于10%，升降人员用的不应有断丝。提升及制动钢丝绳直径减小不应超过10%，其他用途钢丝绳直径减小不应超过15%。

2　钢丝绳的钢丝有变黑、锈皮、点蚀麻坑等损伤时，不应用来升降人员。钢丝绳锈蚀严重，点蚀麻坑形成沟纹，外层钢丝松动时，应及时更换。

★　应开展的基础工作

（1）根据起重机的类型和钢丝绳的用途，检查钢丝绳安全系数是否符合要求，严禁使用安全系数不符合规定的钢丝绳。

（2）经常检查钢丝绳的使用状况，严禁使用达到报废标准的钢丝绳。

（3）发现达到报废标准的钢丝绳或钢丝绳的安全系数不符合规定时，应立即停止使用，并予以更换。

●　违规行为标准条文

26．钢构件或重大设备起吊时，使用摩擦式或皮带式卷扬机

◆ 法律、法规、规范性文件和技术标准要求

《水利水电工程施工通用安全技术规程》(SL 398—2007)

7.2.2 电动和手动卷扬机应符合下列规定：

2 钢构件或重大设备起吊时，应使用齿轮传动的卷扬机，禁止使用摩擦式或皮带式卷扬机。

★ 应开展的基础工作

设备管理人员、安全管理人员应做好起吊作业的检查、监督，钢构件或重大设备起吊作业严禁使用摩擦式或皮带式卷扬机。

● 违规行为标准条文

27. 违规指挥起重吊装

◆ 法律、法规、规范性文件和技术标准要求

《水利水电工程施工作业人员安全操作规程》(SL 401—2007)

4.1.12 司机应做到"十不吊"。即在有下列情况之一发生时，操作人员应拒绝吊运：

1 捆绑不牢、不稳的货物。

2 吊运物品上有人。

3 起吊作业需要超过起重机的规定范围时。

4 斜拉重物。

5 物体重量不明或被埋压。

6 吊物下方有人时。

7 指挥信号不明或没有统一指挥时。

8 作业场所不安全，可能触及输电线路、建筑物或其他物体。

9 吊运易燃、易爆品没有安全措施时。

10 起吊重要大件或采用双机抬吊，没有安全措施，未经批准时。

★ 应开展的基础工作

(1) 起重工、信号工、司索工属特殊工种，必须经教育培训，考核合格并取得特种作业操作证后上岗，施工项目应索要相关证件复印件，加强安全教育，并在作业前进行安全技术交底。

(2) 在起重作业中，指挥人员应是唯一的现场指挥者。

（3）指挥人员应使用对讲机或指挥旗与哨音，或标准手势与哨音进行指挥。

（4）指挥人员应按照施工技术措施规定的吊运方案指挥。

（5）指挥人员指挥机械起吊设备工件时，应遵守吊车司机的安全要求。

（6）指挥两台起重机抬一重物时，指挥者应站在两台起重机司机都能看到的位置。

（7）信号工应严格按相关要求指挥吊装，禁止违规指挥。

● 违规行为标准条文

28. 特种设备存在重大事故隐患或超过规定使用年限时未停用

◆ 法律、法规、规范性文件和技术标准要求

《中华人民共和国特种设备安全法》（主席令第4号）

第四十一条　特种设备安全管理人员应当对特种设备使用状况进行经常性检查，发现问题应当立即处理；情况紧急时，可以决定停止使用特种设备并及时报告本单位有关负责人。

特种设备作业人员在作业过程中发现事故隐患或者其他不安全因素，应当立即向特种设备安全管理人员和单位有关负责人报告；特种设备运行不正常时，特种设备作业人员应当按照操作规程采取有效措施保证安全。

第四十二条　特种设备出现故障或者发生异常情况，特种设备使用单位应当对其进行全面检查，消除事故隐患，方可继续使用。

第四十八条　特种设备存在严重事故隐患，无改造、修理价值，或者达到安全技术规范规定的其他报废条件的，特种设备使用单位应当依法履行报废义务，采取必要措施消除该特种设备的使用功能，并向原登记的负责特种设备安全监督管理的部门办理使用登记证书注销手续。

前款规定报废条件以外的特种设备，达到设计使用年限可以继续使用的，应当按照安全技术规范的要求通过检验或者安全评估，并办理使用登记证书变更，方可继续使用。允许继续使用的，应当采取加强检验、检测和维护保养等措施，确保使用安全。

第八十四条　违反本法规定，特种设备使用单位有下列行为之一的，责令停止使用有关特种设备，处三万元以上三十万元以下罚款：

（3）特种设备存在严重事故隐患，无改造、修理价值，或者达到安全技术规范规定的其他报废条件，未依法履行报废义务，并办理使用登记证书注销手续的。

《特种设备安全监察条例》（国务院令第373号）

第二十九条　特种设备出现故障或者发生异常情况，使用单位应当对其进行全面检查，消除事故隐患后，方可重新投入使用。

特种设备不符合能效指标的，特种设备使用单位应当采取相应措施进行整改。

第三十条　特种设备存在严重事故隐患，无改造、维修价值，或者超过安全技术规范

规定使用年限，特种设备使用单位应当及时予以报废，并应当向原登记的特种设备安全监督管理部门办理注销。

第四十条　特种设备作业人员在作业过程中发现事故隐患或者其他不安全因素，应当立即向现场安全管理人员和单位有关负责人报告。

第八十四条　特种设备存在严重事故隐患，无改造、维修价值，或者超过安全技术规范规定的使用年限，特种设备使用单位未予以报废，并向原登记的特种设备安全监督管理部门办理注销的，由特种设备安全监督管理部门责令限期改正；逾期未改正的，处5万元以上20万元以下罚款。

《水利水电施工企业安全生产标准化评审标准》（水利部办安监〔2018〕52号）

4.1.13　设备报废

设备设施存在严重安全隐患，无改造、维修价值，或者超过规定使用年限，应当及时报废。

★ 应开展的基础工作

（1）施工项目应严格进场设备的检查验收，严禁带病、老化、报废的机械设备进入施工现场。

（2）施工项目应加强对特种设备的日常管理，定期进行检查，发现隐患及时排除，杜绝出现重大事故隐患。

（3）施工项目如发现已报废或超过规定使用年限的设备时，应立即停止使用，清除出施工现场。

（4）施工单位自有的特种设备，如达到报废条件的应及时报废，并向原登记的特种设备安全监督管理部门办理注销手续。

● 违规行为标准条文

29. 特种设备安全、保险装置缺少或失灵、失效

◆ 法律、法规、规范性文件和技术标准要求

《中华人民共和国特种设备安全法》（主席令第4号）

第三十九条　特种设备使用单位应当对其使用的特种设备进行经常性维护保养和定期自行检查，并作出记录。

特种设备使用单位应当对其使用的特种设备的安全附件、安全保护装置进行定期校验、检修，并作出记录。

第八十三条　违反本法规定，特种设备使用单位有下列行为之一的，责令限期改正；逾期未改正的，责令停止使用有关特种设备，处一万元以上十万元以下罚款：

（三）未对其使用的特种设备进行经常性维护保养和定期自行检查，或者未对其使用的特种设备的安全附件、安全保护装置进行定期校验、检修，并作出记录的。

《水利工程建设安全生产管理规定》（水利部令第50号）

第十五条　水利工程提供机械设备和配件的单位，应当按照安全施工的要求提供机械设备和配件，配备齐全有效的保险、限位等安全设施和装置，提供有关安全操作的说明，保证其提供的机械设备和配件等产品的质量和安全性能达到国家有关技术标准。

《水利水电工程施工通用安全技术规程》（SL 398—2007）

6.9.12　特种设备应对安全附件、安全保护装置、测量调控装置、有关附属仪器指示仪器等进行定期校验，及时维修更换，并做好记录，保证灵敏、准确、可靠。

《水利水电工程施工安全防护设施技术规范》（SL 714—2015）

3.10.10　载人提升机械应设置下列安全装置，并保持灵敏可靠：

1　上限位装置（上限位开关）。

2　上极限限位装置（越程开关）。

3　下限位装置（下限位开关）。

4　断绳保护装置。

5　限速保护装置。

6　超载保护装置。

《水利工程生产安全重大事故隐患判定标准（试行）》（水利部水安监〔2017〕344号）

3　水利工程建设项目重大隐患判定

3.1　直接判定。符合附件1《水利工程建设项目生产安全重大事故隐患直接判定清单（指南）》中的任何一条要素的，可判定为重大事故隐患。

附件1　　水利工程建设项目生产安全重大事故隐患直接判定清单（指南）

管理环节	隐患编号	隐患内容
起重吊装与运输	SJ－Z021	起重机械安全、保险装置缺失

《水利水电施工企业安全生产标准化评审标准》（水利部办安监〔2018〕52号）

4.1.7　设备性能及运行环境

设备结构、运转机构、电气及控制系统无缺陷，各部位润滑良好；基础稳固，行走面平整，轨道铺设规范；制动、限位等安全装置齐全、可靠、灵敏；仪表、信号、灯光等齐全、可靠、灵敏。

★　应开展的基础工作

（1）设备管理人员应熟悉特种设备的规格、型号。了解设备的安全、保险装置有哪些，并经常性的检查安全、保险装置的完好情况。

(2) 施工项目应对安全附件、安全保护装置、测量调控装置、有关附属仪器指示仪器等进行定期、校验，及时维修更换，并做好记录，保证灵敏、准确、可靠。

(3) 建筑起重机械的变幅限位器、力矩限制器、起重量限制器、防坠安全器、钢丝绳防脱装置、防脱钩装置以及各种行程限位开关等安全保护装置必须齐全有效，严禁随意调整或拆除。严禁利用限制器和限位装置代替操纵机构。

● 违规行为标准条文

30. 违规进入起重机、挖掘机等设备工作范围

◆ 法律、法规、规范性文件和技术标准要求

《水利水电工程施工通用安全技术规程》(SL 398—2007)

3.9.4 施工现场作业人员，应遵守以下基本要求：

6 起重、挖掘机等施工作业时，非作业人员严禁进入其工作范围内。

《水利水电工程施工作业人员安全操作规程》(SL 401—2007)

5.2.8 挖掘机在回转过程中，严禁任何人上下机和在臂杆的回转范围内通行及停留。

★ 应开展的基础工作

(1) 作业前针对现场状况对所有作业人员进行安全培训、交底告知。

(2) 作业现场应设警示带、警示标牌及禁止入内的告知牌等。

(3) 作业过程应设专人旁站监督，严禁非作业人员进入其工作范围内。

● 违规行为标准条文

31. 租用施工设施设备时，未签订租赁合同和安全协议书，未明确双方安全责任

◆ 法律、法规、规范性文件和技术标准要求

《水利水电工程施工安全管理导则》(SL 721—2015)

9.2.10 施工单位使用外租施工设施设备时，应签订租赁合同和安全协议书，明确出租方提供的施工设施设备应符合国家相关的技术标准和安全使用条件，确定双方的安全责任。

《水利水电施工企业安全生产标准化评审标准》(水利部办安监〔2018〕52号)

4.1.9 租赁设备和分包单位的设备

设备租赁合同或工程分包合同应明确双方的设备管理安全责任和设备技术状况要求等

内容；租赁设备或分包单位的设备进入施工现场验收合格后投入使用；租赁设备或分包单位的设备应纳入本单位管理范围。

★ 应开展的基础工作

（1）租赁设施设备时，设备租赁合同与安全生产协议应一同签订，合同、协议中应明确双方的安全责任和设备技术状况要求等内容。

（2）租赁的设施设备应纳入施工项目的安全管理范围。相关管理要求包括进场验收、检查、运行记录、维修保养等，施工项目应履行对租赁设备的监督检查职责，并提供相关工作记录。

● 违规行为标准条文

32. 租用不合格的机械设备、施工机具或构配件

◆ 法律、法规、规范性文件和技术标准要求

《中华人民共和国特种设备安全法》（主席令第4号）

第二十七条　特种设备销售单位销售的特种设备，应当符合安全技术规范及相关标准的要求，其设计文件、产品质量合格证明、安装及使用维护保养说明、监督检验证明等相关技术资料和文件应当齐全。特种设备销售单位应当建立特种设备检查验收和销售记录制度。

禁止销售未取得许可生产的特种设备，未经检验和检验不合格的特种设备，或者国家明令淘汰和已经报废的特种设备。

《建设工程安全生产管理规定》（国务院令第393号）

第三十四条　施工单位采购、租赁的安全防护用具、机械设备、施工机具及配件，应当具有生产（制造）许可证、产品合格证，并在进入施工现场前进行查验。

施工现场的安全防护用具、机械设备、施工机具及配件必须由专人管理，定期进行检查、维修和保养，建立相应的资料档案，并按照国家有关规定及时报废。

第三十五条　施工单位在使用施工起重机械和整体提升脚手架、模板等自升式架设设施前，应当组织有关单位进行验收，也可以委托具有相应资质的检验检测机构进行验收；使用承租的机械设备和施工机具及配件的，由施工总承包单位、分包单位、出租单位和安装单位共同进行验收。验收合格的方可使用。

《特种设备安全监察条例》规定的施工起重机械，在验收前应当经有相应资质的检验检测机构监督检验合格。

施工单位应当自施工起重机械和整体提升脚手架、模板等自升式架设设施验收合格之日起30日内，向建设行政主管部门或者其他有关部门登记。登记标志应当置于或者附着

于该设备的显著位置。

《水利工程建设安全生产管理规定》（水利部令第50号）

第二十四条　施工单位在使用施工起重机械和整体提升脚手架、模板等自升式架设设施前，应当组织有关单位进行验收，也可以委托具有相应资质的检验检测机构进行验收；使用承租的机械设备和施工机具及配件的，由施工总承包单位、分包单位、出租单位和安装单位共同进行验收，验收合格的方可使用。

《水利水电工程施工安全管理导则》（SL 721—2015）

9.1.4　施工单位设施设备投入使用前，应报监理单位验收。验收合格后，方可投入使用。

进入施工现场设施设备的牌证应齐全、有效。

★　应开展的基础工作

（1）租赁施工设施设备时，应在合同中写明所需设施设备的规格、型号等要求，确保进场设施设备满足施工需求。

（2）租赁设备进场后，应由设备管理部门组织技术人员、安全管理人员等共同对设备进行验收，不能满足施工需要的、检验不合格的或国家明令淘汰和已经报废的设备不应进入施工现场。

（3）验收合格后方可投入使用，所有验收人员应在验收记录上签字，并留存验收记录。

（4）设备管理人员应监督、督促相关人员定期对设施设备进行检查、维修和保养，建立设备设施台账，并留存相应的资料档案。

●　违规行为标准条文

33. 对因建设工程施工可能造成损害的毗邻建筑物、构筑物和地下管线等保护不到位

◆　法律、法规、规范性文件和技术标准要求

《建设工程安全生产管理条例》（国务院令第393号）

第六条　建设单位应当向施工单位提供施工现场及毗邻区域内供水、排水、供电、供气、供热、通信、广播电视等地下管线资料，气象和水文观测资料，相邻建筑物和构筑物、地下工程的有关资料，并保证资料的真实、准确、完整。

第三十条　施工单位对因建设工程施工可能造成损害的毗邻建筑物、构筑物和地下管线等，应当采取专项防护措施。

施工单位应当遵守有关环境保护法律、法规的规定，在施工现场采取措施，防止或

者减少粉尘、废气、废水、固体废物、噪声、振动和施工照明对人和环境的危害和污染。

在城市市区内的建设工程，施工单位应当对施工现场实行封闭围挡。

《水利水电工程施工安全管理导则》(SL 721—2015)

10.1.3　项目法人应向施工单位提供施工现场及施工可能影响的毗邻区域内供水、排水、供电、供气、供热、通信、广播电视等地下管线资料，气象和水文观测资料，拟建工程可能影响的相邻建筑物和构筑物、地下工程的有关资料，并保证有关资料的真实、准确、完整，满足有关技术规范的要求。对可能影响施工报价的资料，应在招标时提供。

施工单位因工程施工可能造成上述管线、建筑物、构筑物、地下工程、文物损害的，应采取专项防护措施。

10.1.11　各种施工设施、管道、线路等应符合防洪、防火、防爆、防雷击、防砸、防坍塌及职业卫生等要求。

存放设备、材料的场地应平整牢固，设备材料存放应整齐稳固，周围通道宽度不宜小于 1m，且应保持畅通。

★　应开展的基础工作

(1) 施工前认真查看现场，对项目法人提供的施工现场及施工可能影响的毗邻区域内供水、排水、供电、供气、供热、通信、广播电视等地下管线资料，气象和水文观测资料，拟建工程可能影响的相邻建筑物和构筑物、地下工程的有关资料进行核实，列出施工可能影响的相邻建筑物和构筑物、地下工程、文物的有关资料。

(2) 对施工现场周围进行全面的危险源辨识和风险评价，对可能造成损害的毗邻建筑物、构筑物和地下管线采取防护措施，在施工组织设计或专项施工方案中加以明确，并加以落实。

●　违规行为标准条文

34. 未定期对设备、用具安全状况进行检查、检验、维修、保养

◆　法律、法规、规范性文件和技术标准要求

《中华人民共和国安全生产法》(主席令第 13 号)

第三十三条　安全设备的设计、制作、安装、使用、检测、维修、改造和报废，应当符合国家标准或行业标准。

生产经营单位必须对安全设备进行经常性维护、保养，并定期检测，保证正常运转。维护、保养、检测应当做好记录，并由有关人员签字。

《中华人民共和国特种设备安全法》（主席令第4号）

第三十九条　特种设备使用单位应当对其使用的特种设备进行经常性维护保养和定期自行检查，并作出记录。特种设备使用单位应当对其使用的特种设备的安全附件、安全保护装置进行定期校验、检修，并作出记录。

《建设工程安全生产管理条例》（国务院令第393号）

第三十四条　施工单位采购、租赁的安全防护用具、机械设备、施工机具及配件，应当具有生产（制造）许可证、产品合格证，并在进入施工现场前进行查验。

施工现场的安全防护用具、机械设备、施工机具及配件必须由专人管理，定期进行检查、维修和保养，建立相应的资料档案，并按照国家有关规定及时报废。

《特种设备安全监察条例》（国务院令第373号）

第二十七条　特种设备使用单位应当对在用特种设备进行经常性日常维护保养，并定期自行检查。

特种设备使用单位对在用特种设备应当至少每月进行一次自行检查，并作出记录。特种设备使用单位在对在用特种设备进行自行检查和日常维护保养时发现异常情况的，应当及时处理。

特种设备使用单位应当对在用特种设备的安全附件、安全保护装置、测量调控装置及有关附属仪器仪表进行定期校验、检修，并作出记录。

锅炉使用单位应当按照安全技术规范的要求进行锅炉水（介）质处理，并接受特种设备检验检测机构实施的水（介）质处理定期检验。

从事锅炉清洗的单位，应当按照安全技术规范的要求进行锅炉清洗，并接受特种设备检验检测机构实施的锅炉清洗过程监督检验。

第二十八条　特种设备使用单位应当按照安全技术规范的定期检验要求，在安全检验合格有效期届满前1个月向特种设备检验检测机构提出定期检验要求。

检验检测机构接到定期检验要求后，应当按照安全技术规范的要求及时进行安全性能检验和能效测试。

未经定期检验或者检验不合格的特种设备，不得继续使用。

第二十九条　特种设备出现故障或者发生异常情况，使用单位应当对其进行全面检查，消除事故隐患后，方可重新投入使用。

特种设备不符合能效指标的，特种设备使用单位应当采取相应措施进行整改。

《水利水电工程施工安全管理导则》（SL 721—2015）

9.1.1　施工单位应建立设施设备管理制度，包括购置、租赁、安装、拆除、验收、检测、使用、保养、维修、改造和报废等内容。

9.1.2　施工单位应设置施工设施设备管理部门，配备管理人员，明确管理职责和岗位责任，对施工设备（设施）的采购、进场、退场实行统一管理。

9.1.6　施工单位应建立设施设备的安全管理台账，应记录下列内容：

1　来源、类型、数量、技术性能、使用年限等信息；

2 设施设备进场验收资料；

3 使用地点、状态、责任人及检测检验、日常维修保养等信息；

4 采购、租赁、改造计划及实施情况。

《水利水电施工企业安全生产标准化评审标准》（水利部办安监〔2018〕52号）

4.1.6 设备设施检查

设备设施运行前应进行全面检查；运行过程中应按规定进行自检、巡检、旁站监督、专项检查、周期性检查，确保性能完好。

4.1.11 设备设施维修保养

根据设备安全状况编制设备维修保养计划或方案，对设备进行维修保养；维修保养作业应落实安全措施，并明确专人监护；维修结束后应组织验收；记录规范。

★ 应开展的基础工作

（1）进场的设备设施在运行前，应进行全面检查，确保投入使用的设施设备安全。

（2）施工项目应建立设施设备台账，并结合施工情况合理制定设备设施的维修保养计划，在运行过程中按计划和规定进行自检、巡检、旁站监督、专项检查、周期性检查，确保设施设备始终安全、性能完好。计划及检查记录等应留存归档。

（3）维修保养作业应落实安全措施，明确专人监护。

（4）维修结束应组织验收，合格后方可投入使用，做好相关记录。

（5）施工项目应定期组织安全检查和巡视，并做好记录。

（6）特种设备的检验应遵从《特种设备安全法》的规定。

（7）未经定期检验或者检验不合格的特种设备，不应继续使用。

● 违规行为标准条文

35. 拌和设备操作平台安全防护不规范，违规清理、操作拌和设备

◆ 法律、法规、规范性文件和技术标准要求

《水利水电工程土建施工安全技术规程》（SL 399—2007）

6.5.5 混凝土拌和机的技术安全要求：

5 拌和机的机房、平台、梯道、栏杆应牢固可靠，机房内应配备吸尘装置。

7 运转时，严禁将工具伸入搅拌筒内；不应向旋转部位加油；不应进行清扫，检修等工作。

9 现场检修时，应固定好料斗，切断电源。进入搅拌筒工作时，外面应有人监护。

6.5.6 混凝土拌和楼（站）的技术安全要求：

4 楼梯和挑出的平台，应设安全护栏；马道板应加强维护，不应出现腐烂、缺损；冬季施工期间，应设置防滑措施以防止结冰溜滑。

9 检修时，应切断相应的电源、气路，并挂上“有人工作，不准合闸”的警示标志。

10 进入料仓（斗）、拌和筒内工作，外面应设专人监护。检修时应挂“正在修理，严禁开动”的警示标志。非检修人员不应乱动气、电控制元件。

12 设备运转时，不应擦洗和清理。严禁头、手伸入机械行程范围以内。

《水利水电工程施工作业人员安全操作规程》（SL 401—2007）

8.5.3 拌和机操作人员应遵守下列规定：

6 清理、保养及处理故障时，应与操作台取得联系，并切断相应部位的电源、气路、固定好搅拌筒位置，进入筒内前，电源、气路闸阀门处应悬挂“有人作业、禁止合闸/开阀”的警示标志，人员进入筒后，外面应有专人监护。

《水利水电工程施工安全防护设施技术规范》（SL 714—2015）

7.2.2 拌和站（楼）的布设应符合下列规定：

1 各层之间设有钢扶梯或通道，临空边缘设有栏杆。

2 各平台的边缘应设有钢防护栏杆或墙体。

3 各层、各操作部位之间应设有音响、灯光等操作联系和警告指示信号。

4 拌和机械设备周围应设有宽度不小于0.6m的巡视检查通道。

5 应设有合格的避雷装置。

《水利水电施工企业安全生产标准化评审标准》（水利部办安监〔2018〕52号）

4.1.10 安全设施管理

建设项目安全设施必须执行“三同时”制度；临边、沟、坑、孔洞、交通梯道等危险部位的栏杆、盖板等设施齐全、牢固可靠；高处作业等危险作业部位按规定设置安全网等设施；施工通道稳固、畅通；垂直交叉作业等危险作业场所设置安全隔离棚；机械、传送装置等的转动部位安装可靠的防护栏、罩等安全防护设施；临水和水上作业有可靠的救生设施；暴雨、台风、暴风雪等极端天气前后组织有关人员对安全设施进行检查或重新验收。

★ 应开展的基础工作

（1）拌和机操作人员必须进行培训合格后上岗，严格按照操作规程执行。

（2）拌和机操作室禁止闲杂人员进入。

（3）拌和设备的防护罩、盖板、爬梯、护栏等防护设施应完备可靠。设备的醒目位置应悬挂标识牌、安全操作规程。

（4）拌和楼楼梯和挑出的平台，应设安全护栏。冬季施工期间，应设置防滑措施以防止结冰溜滑。

（5）清理、保养及处理故障时，应与操作台取得联系，并切断相应部位的电源、气路、固定好搅拌筒位置，进入筒内前，电源、气路闸阀门处应悬挂“有人作业、禁止合闸/开阀”的警示标志，人员进入筒后，外面应有专人监护。

（6）拌和机运转时，严禁将工具伸入搅拌筒内。

● 违规行为标准条文

36. 未按规定运输、储存、使用、处置危险品

◆ 法律、法规、规范性文件和技术标准要求

《中华人民共和国安全生产法》（主席令第13号）

第三十六条　生产、经营、运输、储存、使用危险物品或者处置废弃危险物品的，由有关主管部门依照有关法律、法规的规定和国家标准或者行业标准审批并实施监督管理。

生产经营单位生产、经营、运输、储存、使用危险物品或者处置废弃危险物品，必须执行有关法律、法规和国家标准或者行业标准，建立专门的安全管理制度，采取可靠的安全措施，接受有关主管部门依法实施的监督管理。

第三十九条　生产、经营、储存、使用危险物品的车间、商店、仓库不得与员工宿舍在同一建筑物内，并应当与员工宿舍保持安全距离。

生产经营场所和员工宿舍应当使用符合紧急疏散要求、标志明显、保持畅通的出口、禁止锁闭、封堵生产经营场所或者员工宿舍的出口。

《危险化学品安全信理条例》（国务院令第645号）

第二十条　生产、储存危险化学品的单位，应当根据其生产、储存的危险化学品的种类和危险特性，在作业场所设置相应的监测、监控、通风、防晒、调温、防火、灭火、防爆、泄压、防毒、中和、防潮、防雷、防静电、防腐、防泄漏以及防护围堤或者隔离操作等安全设施、设备，并按照国家标准、行业标准或者国家有关规定对安全设施、设备进行经常性维护、保养，保证安全设施、设备的正常使用。

生产、储存危险化学品的单位，应当在其作业场所和安全设施、设备上设置明显的安全警示标志。

《水利水电工程施工通用安全技术规程》（SL 398—2007）

3.5.5　宿舍、办公室、休息室内严禁存放易燃易爆物品，未经许可不得使用电炉，利用电热的车间、办公室及住室，电热设施应有专人负责管理。

3.5.6　挥发性的易燃物质，不应装在开口容器及放在普通仓库内，装过挥发油剂及易燃物质的空容器，应及时退库。

3.5.9　油料、炸药、木材等常用的易燃易爆危险品存放使用场所、仓库，应有严格的防火措施和相应的消防设施，严禁使用明火和吸烟。

11.1.4　贮存、运输和使用危险化学品的单位，应建立健全危险化学品安全管理制度，建立事故应急救援预案，配备应急救援人员和必要的应急救援器材、设备、物资，并应定期组织演练。

11.1.5　贮存、运输和使用危险化学品的单位，应当根据消防安全要求，配备消防人员，配置消防设施以及通信、报警装置。并经公安消防监督机构审核合格，取得《易燃易爆化学物品消防安全审核意见书》、《易燃易爆化学物品消防安全许可证》和《易燃易爆化学物品准运证》

《水利工程生产安全重大事故隐患判定标准（试行）》（水利部水安监〔2017〕344号）

3　水利工程建设项目重大隐患判定

3.1　直接判定。符合附件1《水利工程建设项目生产安全重大事故隐患直接判定清单（指南）》中的任何一条要素的，可判定为重大事故隐患。

附件1　　水利工程建设项目生产安全重大事故隐患直接判定清单（指南）

类　别	管理环节	隐患编号	隐 患 内 容
三、专项工程	危险物品	SJ-Z059	易燃、可燃液体的贮罐区、堆场与建筑物的防火间距小于规范的规定
		SJ-Z060	油库、爆破器材库等易燃易爆危险品库房未专门设计，或未经验收或验收不合格投入使用
		SJ-Z061	有毒有害物品贮存仓库与车间、办公室、居民住房等安全防护距离少于100m
		SJ-Z063	油库（储量：汽油20t或柴油50t及以上）、炸药库（储量：炸药1t及以上）未按规定管理

《水利水电施工企业安全生产标准化评审标准》（水利部办安监〔2018〕52号）

4.2.8　易燃易爆危险品管理

按照有关法律法规、技术标准做好易燃易爆危险品管理。建立易燃易爆危险品管理制度；易燃易爆危险品运输应按规定办理相关手续并符合安全规定；现场存放炸药、雷管等，得到当地公安部门的许可，并分别存放在专用仓库内，指派专人保管，严格领退制度；氧气、乙炔、液氨、油品等危险品仓库屋面采用轻型结构，并设置气窗及底窗，门、窗向外开启；有避雷及防静电接地设施，并选用防爆电器；氧气瓶、乙炔瓶存放、使用应符合规定；带有放射源的仪器的使用管理，应满足相关规定。

★　应开展的基础工作

（1）爆破器材和油料的运输、处置一般由专业机构负责，施工项目必须遵守相关国家法律规定。

（2）危险品应分类分项存放，堆垛之间的主要通道应有安全距离，不应超量存储。

（3）受阳光照射容易燃烧、爆炸或产生有毒气体的化学危险物品和桶装、罐装等易燃液体、气体应存放在温度较低、通风良好的场所，设专人定时测温，必要时采取降温及隔

热措施，不应在露天或高温的地方存放。

（4）危险化学品储存仓库应有严格的保卫制度，人员出入应有登记制度，储存危险化学品的仓库内应严禁吸烟和使用明火，对进入库区内的机动车辆应采取防火措施。

（5）各种物品包装应完整无损，如发现破损渗漏等，应立即进行处理。

（6）危险化学品储存仓库应配有消防器材及通信报警装置。

（7）生产、经营、储存、使用危险物品的车间、商店、仓库不应与员工宿舍在同一建筑物内，并应与员工宿舍保持安全距离。

● 违规行为标准条文

37. 未根据化学危险物品的种类、性能设置相应的通风、防火、防爆、防毒、监测、报警、降温、防潮、避雷、防静电、隔离操作等安全设施

◆ 法律、法规、规范性文件和技术标准要求

《水利水电工程施工通用安全技术规程》（SL 398—2007）

11.1.6　危险化学品管理应有下列安全措施：

7　使用危险化学品的单位，应根据化学危险品的种类、性质，设置相应的通风、防火、防爆、防毒、监测、报警、降温、防潮、避雷、防静电、隔离操作等安全设施。

《水利工程生产安全重大事故隐患判定标准（试行）》（水利部水安监〔2017〕344号）

3　水利工程建设项目重大隐患判定

3.1　直接判定。符合附件1《水利工程建设项目生产安全重大事故隐患直接判定清单（指南）》中的任何一条要素的，可判定为重大事故隐患。

附件1　　水利工程建设项目生产安全重大事故隐患直接判定清单（指南）

类　别	管理环节	隐患编号	隐 患 内 容
三、专项工程	危险物品	SJ－Z062	未根据化学危险物品的种类、性能，设置相应的通风、防火、防爆、防毒、监测、报警、降温、防潮、避雷、防静电、隔离操作等安全设施

★ 应开展的基础工作

根据化学危险物品的种类、性能，设置相应的通风、防火、防爆、防毒、监测、报警、降温、防潮、避雷、防静电、隔离操作等安全设施。

● 违规行为标准条文

38. 使用非专用车辆运输民用爆炸物品或人药混装运输

◆ 法律、法规、规范性文件和技术标准要求

《水利工程生产安全重大事故隐患判定标准（试行）》（水利部水安监〔2017〕344号）

3　水利工程建设项目重大隐患判定

3.1　直接判定。符合附件1《水利工程建设项目生产安全重大事故隐患直接判定清单（指南）》中的任何一条要素的，可判定为重大事故隐患。

附件1　　水利工程建设项目生产安全重大事故隐患直接判定清单（指南）

类　别	管理环节	隐患编号	隐 患 内 容
三、专项工程	爆破作业	SJ－Z047	使用非专用车辆运输民用爆炸物品或人药混装运输

《爆破安全规程》（GB 6722—2014）

14.1.1.3　运输爆破器材应使用专用车船。

14.1.1.8　装运爆破器材的车（船），在行驶途中应遵守下列规定：

——押运人员应熟悉所运爆破器材性能；

——非押运人员不应乘坐；

——运输工具应符合有关安全规范的要求，并设警示标识；

——不准在人员聚集的地点、交叉路口、桥梁上（下）及火源附近停留；开车（船）前应检查码放和捆绑有无异常；

——运输特殊安全要求的爆破器材，应按照生产企业提供的安全要求进行；

——车（船）完成运输后应打扫干净，清出的药粉、药渣应运至指定地点，定期进行销毁。

★ 应开展的基础工作

（1）民用爆炸物品运输应由专业的运输单位完成，施工项目自行完成的必须使用专用车船运输，行驶途中应遵循相应要求。

（2）民用爆炸物品运输专用车辆不应载人，不应出现人药混装现象。

● 违规行为标准条文

39. 对被查封或扣押的设施、设备、器材、危险物品和作业场所，擅自启封或使用的

◆ 法律、法规、规范性文件和技术标准要求

《安全生产违法行为行政处罚办法》（国家安全生产监督管理总局令第77号）

第四十四条　生产经营单位及其主要负责人或者其他人员有下列行为之一的，给予警

告，并可以对生产经营单位处1万元以上3万元以下罚款，对其主要负责人、其他有关人员处1千元以上1万元以下的罚款：

（五）对被查封或者扣押的设施、设备、器材，擅自启封或者使用的。

★　应开展的基础工作

应遵守相关规定，对被查封或扣押的设施、设备、器材、危险物品和作业场所，未经许可，不应擅自启封或使用。

施工作业管理

● 违规行为标准条文

40. 危险性较大的单项工程施工方案实施时，无专职安全管理人员现场监督

◆ 法律、法规、规范性文件和技术标准要求

《水利工程建设安全生产管理规定》（水利部令第50号）

第二十三条　施工单位应当在施工组织设计中编制安全技术措施和施工现场临时用电方案，对下列达到一定规模的危险性较大的工程应当编制专项施工方案，并附具安全验算结果，经施工单位技术负责人签字以及总监理工程师核签后实施，由专职安全生产管理人员进行现场监督：（一）基坑支护与降水工程；（二）土方和石方开挖工程；（三）模板工程；（四）起重吊装工程；（五）脚手架工程；（六）拆除、爆破工程；（七）围堰工程；（八）其他危险性较大的工程。对前款所列工程中涉及高边坡、深基坑、地下暗挖工程、高大模板工程的专项施工方案，施工单位还应当组织专家进行论证、审查。

《水利水电工程施工安全管理导则》（SL 721—2015）

7.3.10　监理、施工单位应指定专人对专项施工方案实施情况进行旁站监督。发现未按专项施工方案施工的，应要求其立即整改；存在危及人身安全紧急情况的，施工单位应立即组织作业人员撤离危险区域。总监理工程师、施工单位技术负责人应定期对专项施工方案实施情况进行巡查。

《水利水电施工企业安全生产标准化评审标准》（水利部办安监〔2018〕52号）

4.2　作业安全

4.2.2　施工技术管理

设置施工技术管理机构，配足施工技术管理人员，建立施工技术管理制度，明确职责、程序及要求；工程开工前，应参加设计交底，并进行施工图会审；对施工现场安全管理和施工过程的安全控制进行全面策划，编制安全技术措施，并进行动态管理；达到一定规模的危险性较大单项工程应编制专项施工方案，超过一定规模的危险性较大单项工程的专项施工方案，应组织专家论证；施工组织设计、施工方案等技术文件的编制、审核、批准、备案规范；施工前按规定分层次进行交底，并在交底书上签字确认；专项施工方案实施时安排专人现场监护，方案编制人员、技术负责人应现场检查指导。

★ 应开展的基础工作

（1）项目专职安全管理人员必须对施工方案实施情况进行现场监督，对未按照专项施工方案施工的，应要求立即整改，并及时报告项目负责人，项目负责人应及时组织限期整改。

（2）对危大工程应建立安全管理档案。

（3）施工单位必须在施工现场显著位置公告危大工程名称、施工时间和具体责任人员，并在危险区域设置安全警示标志。

● 违规行为标准条文

41. 基坑（槽）周边1m范围内随意堆物、停放设备，基坑（槽）顶无排水设施

◆ 法律、法规、规范性文件和技术标准要求

《水利工程生产安全重大事故隐患判定标准（试行）》（水利部水安监〔2017〕344号）

2　判定要求

2.1　隐患判定应认真查阅有关文字、影像资料和会议记录，并进行现场核实。

2.2　对于涉及面较广、复杂程度较高的事故隐患，水利工程建设各参建单位和水利工程运行管理单位可进行集体讨论或专家技术论证。

2.3　集体讨论或专家技术论证在判定重大事故隐患的同时，应当明确重大事故隐患的治理措施、治理时限以及治理前应采取的防范措施。

3　水利工程建设项目重大隐患判定

3.2　综合判定。符合附件2《水利工程建设项目生产安全重大事故隐患综合判定清单（指南）》重大隐患判据的，可判定为重大事故隐患。

附件2　　水利工程建设项目生产安全重大事故隐患综合判定清单（指南）

类　别	管理环节	隐患编号	隐 患 内 容
三、专项工程	深基坑（槽）	SJ－ZSZ001	基坑（槽）1m范围内随意堆物、停放设备
		SJ－ZSZ002	基坑（槽）顶无排水设施

★ 应开展的基础工作

（1）基坑（槽）顶部周边设置合格的安全防护设施，禁止在1m范围内停放任何机械设备，设置合格的排水设施，并定期维护排水设施。

（2）现场施工管理人员，做好日常维护工作。禁止设备在基坑（槽）顶部1m范围内停放。

（3）现场施工管理人员，必须负责对排水设施的维护，保证排水设施正常使用，并留

存工作记录。

● 违规行为标准条文

42. 深基坑开挖未遵循“分层、分段、对称、平衡、限时、随挖随支”原则，边坡开挖或支护不符合设计及规范要求，边坡开挖坡度不满足其稳定要求，违规进行土方水力开挖作业

◆ 法律、法规、规范性文件和技术标准要求

《水利工程生产安全重大事故隐患判定标准（试行）》（水利部水安监〔2017〕344号）

2 判定要求

2.1 隐患判定应认真查阅有关文字、影像资料和会议记录，并进行现场核实。

2.2 对于涉及面较广、复杂程度较高的事故隐患，水利工程建设各参建单位和水利工程运行管理单位可进行集体讨论或专家技术论证。

2.3 集体讨论或专家技术论证在判定重大事故隐患的同时，应当明确重大事故隐患的治理措施、治理时限以及治理前应采取的防范措施。

3 水利工程建设项目重大隐患判定

3.1 直接判定。符合附件1《水利工程建设项目生产安全重大事故隐患直接判定清单（指南）》中的任何一条要素的，可判定为重大事故隐患。

附件1　　水利工程建设项目生产安全重大事故隐患直接判定清单（指南）

类　别	管理环节	隐患编号	隐 患 内 容
三、专项工程	深基坑（槽）	SJ-Z008	边坡开挖或支护不符合设计及规范要求
		SJ-Z009	开挖未遵循“分层、分段、对称、平衡、限时、随挖随支”原则

《建筑基坑支护技术规程》（JGJ 120—2012）

8.1.2 软土基坑开挖应符合下列规定：

1 应按分层、分段、对称、均衡、适时的原则开挖。

8.1.5 基坑周边施工材料、设施和车辆荷载严禁超过设计要求的地面荷载限值。

《建筑深基坑工程施工安全技术规范》（JGJ 311—2013）

8.1.2 基坑开挖应满足设计工况要求按分层、分段、限时、限高和均衡、对称开挖的方法进行外，尚应符合下列规定：

2 基坑周边、放坡平台的施工荷载应按设计要求进行控制。

《水利水电施工企业安全生产标准化评审标准》（水利部办安监〔2018〕52号）

4.2 作业安全

4.2.9 高边坡、基坑作业

按照有关法律法规、技术标准进行高边坡、基坑作业。根据施工现场实际编制专项

施工方案或作业指导书，经过审批后实施；施工前，在地面外围设置截、排水沟，并在开挖开口线外设置防护栏，危险部位应设置警示标志；排架、作业平台搭设稳固，底部生根，杆件绑扎牢固，脚手板应满铺，临空面设置防护栏杆和防护网；自上而下清理坡顶和坡面松渣、危石、不稳定体，不在松渣、危石、不稳定体上或下方作业；垂直交叉作业应设隔离防护棚，或错开作业时间；对断层、裂隙、破碎带等不良地质构造的高边坡，按设计要求采取支护措施，并在危险部位设置警示标志；严格按要求放坡，作业时随时注意边坡的稳定情况，发现问题及时加固处理；人员上下高边坡、基坑走专用爬梯；安排专人监护、巡视检查，并及时进行分析、反馈监护信息；高处作业人员同时系挂安全带和安全绳。

★　应开展的基础工作

（1）深基坑（槽）开挖，应严格遵循“分层、分段、对称、平衡、限时、随挖随支”的原则。

（2）严格按照经过批准的施工方案进行施工。

（3）开挖时，必须有安全管理人员进行旁站监督，并做好监控资料。

●　违规行为标准条文

43. 降水期间未对基坑边坡及影响范围建筑物进行安全监测

◆　法律、法规、规范性文件和技术标准要求

《水利工程生产安全重大事故隐患判定标准（试行）》（水利部水安监〔2017〕344 号）

2　判定要求

2.1　隐患判定应认真查阅有关文字、影像资料和会议记录，并进行现场核实。

2.2　对于涉及面较广、复杂程度较高的事故隐患，水利工程建设各参建单位和水利工程运行管理单位可进行集体讨论或专家技术论证。

2.3　集体讨论或专家技术论证在判定重大事故隐患的同时，应当明确重大事故隐患的治理措施、治理时限以及治理前应采取的防范措施。

3　水利工程建设项目重大隐患判定

3.1　直接判定。符合附件 1《水利工程建设项目生产安全重大事故隐患直接判定清单（指南）》中的任何一条要素的，可判定为重大事故隐患。

附件 1　　水利工程建设项目生产安全重大事故隐患直接判定清单（指南）

类　别	管理环节	隐患编号	隐患内容
三、专项工程	降水	SJ－Z012	降水期间对影响范围未进行安全监测

★ 应开展的基础工作

在基坑降水期间，做好基坑周边的安全监测工作。项目技术管理人员必须会同施工管理人员、测量人员，设置沉降、位移观测点，定时对降水期间基坑、边坡的沉降和位移进行观测，并做好观测记录资料。

● 违规行为标准条文

44. 高边坡未按规定进行边坡稳定检测，在高边坡滑坡地段或潜在滑坡地段冒险作业，交叉作业无防护措施

◆ 法律、法规、规范性文件和技术标准要求

《水利工程生产安全重大事故隐患判定标准（试行）》（水利部水安监〔2017〕344号）

3　水利工程建设项目重大隐患判定

3.1　直接判定

符合附件1《水利工程建设项目生产安全重大事故隐患直接判定清单（指南）》中的任何一条要素的，可判定为重大事故隐患。

附件1　　水利工程建设项目生产安全重大事故隐患直接判定清单（指南）

类　别	管理环节	隐患编号	隐 患 内 容
三、专项工程	高边坡	SJ－Z014	未按规定进行边坡稳定检测
		SJ－Z016	交叉作业无防护措施

《水利水电施工企业安全生产标准化评审标准》（水利部办安监〔2018〕52号）

4.2.9　高边坡、基坑作业

按照有关法律法规、技术标准进行高边坡、基坑作业。根据施工现场实际编制专项施工方案或作业指导书，经过审批后实施；施工前，在地面外围设置截、排水沟，并在开挖开口线外设置防护栏，危险部位应设置警示标志；排架、作业平台搭设稳固，底部生根，杆件绑扎牢固，脚手板应满铺，临空面设置防护栏杆和防护网；自上而下清理坡顶和坡面松渣、危石、不稳定体，不在松渣、危石、不稳定体上或下方作业；垂直交叉作业应设隔离防护棚，或错开作业时间；对断层、裂隙、破碎带等不良地质构造的高边坡，按设计要求采取支护措施，并在危险部位设置警示标志；严格按要求放坡，作业时随时注意边坡的稳定情况，发现问题及时加固处理；人员上下高边坡、基坑走专用爬梯；安排专人监护、巡视检查，并及时进行分析、反馈监护信息；高处作业人员同时系挂安全带和安全绳。

★ 应开展的基础工作

(1) 施工项目必须根据本项目施工情况，编制边坡稳定检测方案，并经本单位技术负责人审批后报监理、建设单位批准实施。根据经批准的方案，自行开展或委托有专业资质的监测单位开展边坡稳定性检测（监测），并留存检测（监测）记录。

(2) 交叉作业相关作业人员应经过专业技术培训及专业考试合格，持证上岗，并定期进行体格检查。作业前，必须进行专门安全技术交底，落实安全技术措施和个人防护用品。

(3) 交叉作业中安全标志、仪表、工具、电器设备等设施设备必须在施工前进行检查，确认其功能正常、有效，方可开始作业施工。特殊天气后，必须完成对防护措施的检查检测后，方可继续施工。

● 违规行为标准条文

45. 模板支架、脚手架主材及配件不合格，基础承载力、安装、拆除不符合设计或规程规范要求

◆ 法律、法规、规范性文件和技术标准要求

《建筑施工碗扣式钢管脚手架安全技术规范》(JGJ 166—2016)

3.2　材质要求

3.2.1　钢管应采用现行国家标准《直缝电焊钢管》GB/T 13793 或《低压流体输送用焊接钢管》GB/T 3091 中规定的普通钢管，其材质应符合下列规定：

1　水平杆和斜杆钢管材质应符合现行国家标准《碳素结构钢》GB/T 700 中 Q235 级钢的规定；

2　当碗扣节点间距采取 0.6m 模数设置时，立杆钢管材质应符合现行国家标准《碳素结构钢》GB/T 700 中 Q235 级钢的规定；

3　当碗扣节点间距采取 0.5m 模数设置时，立杆钢管材质应符合现行国家标准《碳素结构钢》GB/T 700 及《低合金高强度结构钢》GB/T 1591 中 Q345 级钢的规定。

3.2.2　当上碗扣采用碳素铸钢或可锻铸铁铸造时，其材质应分别符合现行国家标准《一般工程用铸造碳钢件》GB/T 11352 中 ZG270－500 牌号和《可锻铸铁件》GB/T 9440 中 KTH350－10 牌号的规定；采用锻造成型时，其材质不应低于现行国家标准《碳素结构钢》GB/T 700 中 Q235 级钢的规定。

3.2.3　当下碗扣采用碳素铸钢铸造时，其材质应符合现行国家标准《一般工程用铸造碳钢件》GB/T 11352 中 ZG270－500 牌号的规定。

3.2.4　当水平杆接头和斜杆接头采用碳素铸钢铸造时，其材质应符合现行国家标准《一般工程用铸造碳钢件》GB/T 11352 中 ZG270－500 牌号的规定。当水平杆接头采用锻

造成型时，其材质不应低于现行国家标准《碳素结构钢》GB/T 700 中 Q235 级钢的规定。

3.2.5 上碗扣和水平杆接头不得采用钢板冲压成型。当下碗扣采用钢板冲压成型时，其材质不得低于现行国家标准《碳素结构钢》GB/T 700 中 Q235 级钢的规定，板材厚度不得小于 4mm，并应经 600～650℃的时效处理；严禁利用废旧锈蚀钢板改制。

3.2.6 对可调托撑及可调底座，当采用实心螺杆时，其材质应符合现行国家标准《碳素结构钢》GB/T 700 中 023s 级钢的规定；当采用空心螺杆时，其材质应符合现行国家标准《结构用无缝钢管》GB/T 8162 中 20 号无缝钢管的规定。

3.2.7 可调托撑及可调底座调节螺母铸件应采用碳素铸钢或可锻铸铁，其材质应分别符合现行国家标准《一般工程用铸造碳钢件》GB/T 11352 中 ZG230－450 牌号和《可锻铸铁件》GB/T 9440 中 KTH330－08 牌号的规定。

3.2.8 可调托撑 U 形托板和可调底座垫板应采用碳素结构钢，其材质应符合现行国家标准《碳素结构钢和低合金结构钢热轧厚钢板和钢带》GB/T 3274 中 Q235 级钢的规定。

3.2.9 扣件材质应符合现行国家标准《钢管脚手架扣件》GB 15831 的规定。

3.2.10 脚手板的材质应符合下列规定：

1 脚手板可采用钢、木或竹材料制作，单块脚手板的质量不宜大于 30kg；

2 钢脚手板材质应符合现行国家标准《碳素结构钢》GB/T 700 中 Q235 级钢的规定；冲压钢脚手板的钢板厚度不直小于 1.5mm，板面冲孔内切圆直径应小于 25mm；

3 木脚手板材质应符合现行国家标准《木结构设计规范》GB 50005 中Ⅱa 级材质的规定；脚手板厚度不应小于 50mm，两端宜各设直径不小于 4mm 的镀锌钢丝箍两道；

4 竹串片脚手板和竹笆脚手板宜采用毛竹或楠竹制作；竹串片脚手板应符合现行行业标准《建筑施工竹脚手架安全技术规范》JGJ 254 的规定。

3.3 质量要求

3.3.1 钢管宜采用公称尺寸为乒 48.3mm×3.5mm 的钢管，外径允许偏差应为±0.5mm，壁厚偏差不应为负偏差。

3.3.2 立杆接长当采用外插套时，外插套管壁厚不应小于 3.5mm；当采用内插套时，内插套管壁厚不应小于 3.0mm。插套长度不应小于 160mm，焊接端插入长度不应小于 60mm，外伸长度不应小于 110mm，插套与立杆钢管间的间隙不应大于 2mm。

3.3.3 钢管弯曲度允许偏差应为 2mm/m。

3.3.4 立杆碗扣节点间距允许偏差应为±10mm。

3.3.5 水平杆曲板接头弧面轴心线与水平杆轴心线的垂直度允许偏差应为 1.0mm。

3.3.6 下碗扣碗口平面与立杆轴线的垂直度允许偏差应为 1.0mm。

3.3.7 焊接应在专用工装上进行，焊缝应符合现行国家标准《钢结构工程施工质量验收规范》GB 50205 中三级焊缝的规定。

3.3.8 可调托撑及可调底座的质量应符合下列规定：

1 调节螺母厚度不得小于 30mm；

2 螺杆外径不得小于 38mm，空心螺杆壁厚不得小于 5mm，螺杆直径与螺距应符合现行国家标准《梯形螺纹 第 2 部分：直径与螺距系列》GB/T 5796.2 和《梯形螺纹 第 3 部

分：基本尺寸》GB/T 5796.3 的规定；

3　螺杆与调节螺母啮合长度不得少于5扣；

4　可调托撑U形托板厚度不得小于5mm，弯曲变形不应大于1mm，可调底座垫板厚度不得小于6mm；螺杆与托板或垫板应焊接牢固，焊脚尺寸不应小于钢板厚度，并宜设置加劲板。

3.3.9　构配件外观质量应符合下列规定：

1　钢管应平直光滑，不得有裂纹、锈蚀、分层、结疤或毛刺等缺陷，立杆不得采用横断面接长的钢管；

2　铸造件表面应平整，不得有砂眼、缩孔、裂纹或浇冒口残余等缺陷，表面粘砂应清除干净；

3　冲压件不得有毛刺、裂纹、氧化皮等缺陷；

4　焊缝应饱满，焊药应清除干净，不得有未焊透、夹砂、咬肉、裂纹等缺陷；

5　构配件表面应涂刷防锈漆或进行镀锌处理，涂层应均匀、牢靠，表面应光滑，在连接处不得有毛刺、滴瘤和多余结块。

3.3.10　主要构配件应有生产厂标识。

3.3.11　构配件应具有良好的互换性，应能满足各种施工工况下的组架要求，并应符合下列规定：

1　立杆的上碗扣应能上下窜动、转动灵活，不得有卡滞现象；

2　立杆与立杆的连接孔处应能插入 ϕ10mm 连接销；

3　碗扣节点上在安装1～4个水平杆时，上碗扣应均能锁紧；

4　当搭设不少于二步三跨1.8m×1.8m×1.2m（步距×纵距×横距）的整体脚手架时，每一框架内立杆的垂直度偏差应小于5mm。

3.3.12　主要构配件极限承载力性能指标应符合下列规定：

1　上碗扣沿水平杆方向受拉承载力不应小于30kN；

2　下碗扣组焊后沿立杆方向剪切承载力不应小于60kN；

3　水平杆接头沿水平杆方向剪切承载力不应小于50kN；

4　水平杆接头焊接剪切承载力不应小于25kN；

5　可调底座受压承载力不应小于100kN；

6　可调托撑受压承载力不应小于100kN。

3.3.13　构配件每使用一个安装、拆除周期后，应及时检查、分类、维护、保养，对不合格品应及时报废。

5.4　地基基础计算

5.4.1　脚手架立杆地基承载力应符合下式要求：

$$N/A_g \leqslant \gamma_u f_a$$

式中　N——立杆的轴力设计值（N）；分别按本规范第5.2.5条、第5.3.3条的规定计算；

A_g——立杆基础地面面积（mm^2），当基础底面面积大于0.3m^2时，计算所采用的取值不超过0.3m^2；

γ_u——永久荷载和可变荷载分项系数加权平均值，当按永久荷载控制组合时，取 1.363；当按可变荷载控制组合时，取 1.254；

f_a——修正后的地基承载力特征值（MPa），按本规范第 5.4.2 条的规定采用。

5.4.2 修正后的地基承载力特征值应按下式计算：

$$f_a = m_f f_{ak}$$

式中 m_f——地基承载力修正系数，按表 5.4.2 的规定采用；

f_{ak}——地基承载力特征值，可由荷载试验、其他原位测试、公式计算或结合工程实践经验按地质勘察报告提供的数据选用等方法综合确定。

表 5.4.2 地基承载力修正系数 m_f

地基土类别	修正系数	
	原状土	分层回填夯实土
多年填积土	0.6	—
碎石土、砂土	0.8	0.4
粉土、黏土	0.7	0.5
岩石、混凝土、道路路面（沥青混凝土路面、水泥混凝土路面、水泥稳定碎石道路基层）	1.0	—

5.4.3 对搭设在楼面等建筑结构或贝雷梁、型钢等临时支撑结构上的脚手架，应对建筑结构或临时支撑结构进行承载力和变形验算，并应符合国家现行相关标准的规定。

7.3 搭设

7.3.1 脚手架立杆垫板、底座应准确放置在定位线上，垫板应平整、无翘曲，不得采用已开裂的垫板，底座的轴心线应与地面垂直。

7.3.2 脚手架应按顺序搭设，并应符合下列规定：

1 双排脚手架搭设应按立杆、水平杆、斜杆、连墙件的顺序配合施工进度逐层搭设。一次搭设高度不应超过最上层连墙件两步，且自由长度不应大于 4m；

2 模板支撑架应按先立杆、后水平杆、再斜杆的顺序搭设形成基本架体单元，并应以基本架体单元逐排、逐层扩展搭设成整体支撑架体系，每层搭设高度不直大于 3m；

3 斜撑杆、剪刀撑等加固件应随架体同步搭设，不得滞后安装。

7.3.3 双排脚手架连墙件必须随架体升高及时在规定位置处设置；当作业层高出相邻连墙件以上两步时，在上层连墙件安装完毕前，必须采取临时拉结措施。

7.3.4 碗扣节点组装时，应通过限位销将上碗扣锁紧水平杆。

7.3.5 脚手架每搭完一步架体后，应校正水平杆步距、立杆间距、立杆垂直度和水平杆水平度。架体立杆在 1.8m 高度内的垂直度偏差不得大于 5mm，架体全高的垂直度偏差应小于架体搭设高度的 1/600，且不得大于 35mm；邻水平杆的高差不应大于 5mm。

7.3.6 当双排脚手架内外侧加挑梁时，在一跨挑梁范围内不得超过 1 名施工人员操作，严禁堆放物料。

7.3.7 在多层楼板上连续搭设模板支撑架时，应分析多层楼板问荷载传递对架体和

建筑结构的影响，上下层架体立杆直对位设置。

7.3.8　模板支撑架应在架体验收合格后，方可浇筑混凝土。

7.4　拆除

7.4.1　当脚手架拆除时，应按专项施工方案中规定的顺序拆除。

7.4.2　当脚手架分段、分立面拆除时，应确定分界处的技术处理措施，分段后的架体应稳定。

7.4.3　脚手架拆除前，应清理作业层上的施工机具及多余的材料和杂物。

7.4.4　脚手架拆除作业应设专人指挥，当有多人同时操作时，应明确分工、统一行动，且应具有足够的操作面。

7.4.5　拆除的脚手架构配件应采用起重设备吊运或人工传递到地面，严禁抛掷。

7.4.6　拆除的脚手架构配件应分类堆放，并应便于运输、维护和保管。

7.4.7　双排脚手架的拆除作业，必须符合下列规定：

1　架体拆除应自上而下逐层进行，严禁上下层同时拆除；

2　连墙件应随脚手架逐层拆除，严禁先将连墙件整层或数层拆除后再拆除架体；

3　拆除作业过程中，当架体的自由端高度大于两步时，必须增设临时拉结件。

7.4.8　双排脚手架的斜撑杆、剪刀撑等加固件应在架体拆除至该部位时，才能拆除。

7.4.9　模板支撑架的拆除应符合下列规定：

1　架体拆除应符合现行国家标准《混凝土结构工程施工质量验收规范》GB 50204，《混凝土结构工程施工规范》GB 50666 中混凝土强度的规定，拆除前应填写拆模申请单；

2　预应力混凝土构件的架体拆除应在预应力施工完成后进行；

3　架体的拆除顺序、工艺应符合专项施工方案的要求。当专项施工方案无明确规定时，应符合下列规定：

1）应先拆除后搭设的部分，后拆除先搭设的部分；

2）架体拆除必须自上而下逐层进行，严禁上下层同时拆除作业，分段拆除的高度不应大于两层；

3）梁下架体的拆除，宜从跨中开始，对称地向两端拆除：悬臂构件下架体的拆除，宜从悬臂端向固定端拆除。

《建筑施工脚手架安全技术统一标准》（GB 51210—2016）

9.0.1　脚手架搭设和拆除作业应按专项施工方案施工。

9.0.2　脚手架搭设作业前，应向作业人员进行安全技术交底。

9.0.3　脚手架的搭设场地应平整、坚实，场地排水应顺畅，不应有积水。脚手架附着于建筑结构处混凝土强度应满足安全承载要求。

9.0.4　脚手架应按顺序搭设，并应符合下列要求：

1　落地作业脚手架、悬挑脚手架的搭设应与工程施工同步，一次搭设高度不应超过最上层连墙件两步，且自由高度不应大于 4m；

2　支撑脚手架应逐排、逐层进行搭设；

3 剪刀撑、斜撑杆等加固杆件应随架体同步搭设，不得滞后安装；

4 构件组装类脚手架的搭设应自一端向另一端延伸，自下而上按步架设，并应逐层改变搭设方向；

5 每搭设完一步架体后，应按规定校正立杆间距、步距、垂直度及水平杆的水平度。

9.0.5 作业脚手架连墙件的安装必须符合下列规定：

1 连墙件的安装必须随作业脚手架搭设同步进行，严禁滞后安装；

2 当作业脚手架操作层高出相邻连墙件以上 2 步时，在上层连墙件安装完毕前，必须采取临时拉结措施。

9.0.6 悬挑脚手架、附着式升降脚手架在搭设时，其悬挑支承结构、附着支座的锚固和固定应牢固可靠。

9.0.7 附着式升降脚手架组装就位后，应按规定进行检验和升降调试，符合要求后方可投入使用。

9.0.8 脚手架的拆除作业必须符合下列规定：

1 架体的拆除应从上而下逐层进行，严禁上下同时作业；

2 同层杆件和构配件必须按先外后内的顺序拆除；剪刀撑、斜撑杆等加固杆件必须在拆卸至该部位杆件时再拆除；

3 作业脚手架连墙件必须随架体逐层拆除，严禁先将连墙件整层或数层拆除后再拆架体。拆除作业过程中，当架体的自由端高度超过 2 步时，必须加设临时拉结。

9.0.9 模板支撑脚手架的安装与拆除作业应符合现行国家标准《混凝土结构工程施工规范》GB 50666 的规定。

9.0.10 脚手架的拆除作业不得重锤击打、撬别。拆除的杆件、构配件应采用机械或人工运至地面，严禁抛掷。

9.0.11 当在多层楼板上连续搭设支撑脚手架时，应分析多层楼板间荷载传递对支撑脚手架、建筑结构的影响，上下层支撑脚手架的立杆宜对位设置。

9.0.12 脚手架在使用过程中应分阶段进行检查、监护、维护、保养。

★ 应开展的基础工作

（1）依据《建筑施工碗扣式钢管脚手架安全技术规范》（JGJ 166—2016）附录 D 的要求，项目材料采购管理人员、技术管理人员等相关人员，对进场材料进行验收，验收合格后，参加验收人员签字确认，并留存验收记录备查。

（2）依据专项施工方案，项目技术管理人员、工程管理人员及安全管理人员，对脚手架的搭设和拆除进行监督。搭设完成后，项目技术管理人员、工程管理人员、搭设施工人员、安全管理人员共同对搭设完成的脚手架进行验收，验收合格后，参与验收人员在验收记录上签字确认，脚手架悬挂验收合格牌，方可投入使用。

脚手架拆除时，必须根据经批复的拆除方案进行拆除施工，同时必须符合《建筑施工脚手架安全技术统一标准》（GB 51210—2016）中 9.0.8 的要求。拆除中禁止采用重锤击打、撬别，禁止抛掷，必须采用人工运输至地面。

● 违规行为标准条文

46. 采用挂篮法施工未平衡浇筑，挂篮拼装后未预压、锚固不规范，混凝土强度未达到要求或恶劣天气移动挂篮；拆除模板的时限不符合规定要求等

◆ 法律、法规、规范性文件和技术标准要求

《水利工程生产安全重大事故隐患判定标准（试行）》（水利部水安监〔2017〕344号）

3　水利工程建设项目重大隐患判定

3.1　直接判定。符合附件1《水利工程建设项目生产安全重大事故隐患直接判定清单（指南）》中的任何一条要素的，可判定为重大事故隐患。

附件1　　水利工程建设项目生产安全重大事故隐患直接判定清单（指南）

类　别	管理环节	隐患编号	隐 患 内 容
三、专项工程	模板施工	SJ－Z052	采用挂篮法施工未平衡浇筑，挂篮拼装后未预压、锚固不规范，混凝土强度未达到要求或恶劣天气移动挂篮

《水工混凝土施工规范》（SL 677—2014）

3.6　拆除与维修

3.6.1　拆除模板的期限，应遵守下列规定：

1　不承重的侧面模板，混凝土强度要求达到2.5MPa以上，保证其表面及棱角不因拆模而损坏时，方可拆除；

2　钢筋混凝土结构的承重模板，混凝土强度达到下列强度后（按混凝土设计强度标准值的百分率计），方可拆除。

1）悬臂板、梁：跨度$L\leqslant 2$m，75%；跨度$L>2$m，100%。

2）其他梁、板、拱：跨度$L\leqslant 2$m，50%；2m＜跨度$L\leqslant 8$m，75%；跨度$L>8$m，100%。

3.6.2　拆模时，应根据锚固情况，分批拆除锚固连接件，防止大片模板坠落。拆模应使用专门工具，以减少混凝土及模板的损伤。

3.6.3　预制构件模板拆除时的混凝土强度，应符合设计要求；当设计无要求时，应遵守下列规定：

1　侧模：混凝土强度能保证构件不变形、棱角完整时，方可拆除。

2　预留孔洞的内模：混凝土强度能保证构件和孔洞表面不发生塌陷和裂缝后，方可拆除。

3　底模：构件跨度不大于4m时，混凝土强度达到混凝土设计强度标准值的50%后，方可拆除；构件跨度大于4m时，在混凝土强度达到混凝土强度设计标准值的75%后方可拆除。

3.6.5　拆模的顺序及方法应按相关规定进行。当无规定时，模板的拆除可采取先支的后拆、后支的先拆，先拆非承重模板、后拆承重模板的顺序，并应从上而下进行拆除。

3.6.6　拆下的模板和支架应及时进行清理、维修，并分类堆放，妥善保管。钢模应设仓库存放，并防锈。大型模板堆放时，应垫放平稳，以防变形，必要时应加固。

★ 应开展的基础工作

（1）采用挂篮法施工必须编制专项施工方案。根据经审核批准的专项施工方案进行挂篮的组装。施工时，必须平衡浇筑，禁止不均匀浇筑施工。挂篮拼装后必须进行预压。根据施工方案进行锚固检查验收。禁止混凝土强度未达到要求或恶劣天气移动挂篮。

（2）有设计要求时，根据设计技术要求的规定拆除模板。设计技术要求未明确拆模要求时，根据规范要求的混凝土强度标准拆模。

（3）混凝土浇筑完成后，必须根据混凝土试件抗压强度检测报告确定混凝土强度是否达到规范要求的强度。

● 违规行为标准条文

47. 拆除工程未设置安全警示标志，未设专人监护，未切断或迁移水、电、气、热等管线

◆ 法律、法规、规范性文件和技术标准要求

《水利工程生产安全重大事故隐患判定标准（试行）》（水利部水安监〔2017〕344号）

3.1　直接判定

符合附件1《水利工程建设项目生产安全重大事故隐患直接判定清单（指南）》中的任何一条要素的，可判定为重大事故隐患。

附件1　　水利工程建设项目生产安全重大事故隐患直接判定清单（指南）

类　别	管理环节	隐患编号	隐 患 内 容
三、专项工程	拆除工程	SJ-Z055	拆除施工前，未切断或迁移水、电、气、热等管线
		SJ-Z056	未根据现场情况进行安全隔离，设置安全警示标志，并设专人监护

《水利水电施工企业安全生产标准化评审标准》（水利部办安监〔2018〕52号）

4.1.14　设备设施拆除

设备设施拆除前应制订方案，办理作业许可，作业前进行安全技术交底，现场设置警示标志并采取隔离措施，按方案组织拆除。

★ 应开展的基础工作

（1）拆除工程施工前，必须根据工程作业情况，熟悉作业范围或建筑物结构图纸，进行图纸会审，将拆除作业范围所设计的上下水管线、电路、燃气管线、热力管线等全部线路、管线进行排查，逐一关闭、切断。完成关闭、切断后，由拆除作业施工单位的技术人

员、施工人员会同监理单位代表进行逐一检查验收。

（2）拆除作业施工前，于拆除作业施工现场周边，设置公告、告知等，明确本次拆除施工的作业范围、作业时间等。必要时，必须在拆除作业周边村庄、道路等重点区域，采取广播、散发作业告知书等形式，广泛告知拆除作业情况。

（3）拆除作业进行期间，必须在作业区域周边设置警示标识，夜间必须设置带有警示、反光等形式的警告标志、标识等措施。且必须设置专人，对来往车辆、人员进行疏导和劝离。

● 违规行为标准条文

48. 无爆破设计，未按爆破设计作业；违规使用照明电源接引爆线；油库、爆破器材库房未进行专门设计，未按专门设计建设建设，未验收投入使用

◆ 法律、法规、规范性文件和技术标准要求

《水利工程生产安全重大事故隐患判定标准（试行）》（水利部水安监〔2017〕344号）

3.1　直接判定

符合附件1《水利工程建设项目生产安全重大事故隐患直接判定清单（指南）》中的任何一条要素的，可判定为重大事故隐患。

附件1　　水利工程建设项目生产安全重大事故隐患直接判定清单（指南）

类　别	管理环节	隐患编号	隐 患 内 容
三、专项工程	爆破作业	SJ－Z039	无爆破设计，或未按爆破设计作业
		SJ－Z046	爆破器材库房未进行专门设计，或未按专门设计建设，或未验收投入使用

《水利水电施工企业安全生产标准化评审标准》（水利部办安监〔2018〕52号）

4.2.11　爆破、拆除作业

按照有关法律法规、技术标准进行爆破、拆除作业。爆破、拆除作业单位必须持有相应的资质，建立爆破、拆除安全管理制度；作业前编制方案，进行爆破、拆除设计，履行审批程序，并严格安全交底；装药、堵塞、网络联结以及起爆，由爆破负责人统一指挥，爆破员按爆破设计和爆破安全规程作业；影响区采取相应安全警戒和防护措施，作业时有专人现场监护；爆破工程技术人员、爆破员、安全员、保管员和押运员等应持证上岗。

★ 应开展的基础工作

（1）爆破作业前，必须针对作业施工情况，进行爆破设计，编制专门方案，经审批后，根据批复后的方案开展工作。

（2）爆破必须使用专门的引爆线进行作业，禁止以其他线材替代引爆线。

(3) 油库、爆破器材库房等重点建筑，必须进行专门的设计，施工单位必须编制专项施工方案，根据批复的专项施工方案进行施工。且油库、爆破器材库房等建筑，必须为独立于其他建筑物、设置的单独建筑物，于其他建筑物、设施的最小间距，不应小于50m。

● 违规行为标准条文

49. 地下井挖洞内空气含沼气或二氧化碳浓度超过1%时未停止爆破作业；爆前未进行全面清场确认，爆破后未进行检查确认，未排险立即施工；未设置警戒区，未按规定进行警戒，无统一的爆破信号和爆破指挥；露天爆破作业时，违规避炮等

◆ 法律、法规、规范性文件和技术标准要求

《水利工程生产安全重大事故隐患判定标准（试行）》（水利部水安监〔2017〕344号）

3.1 直接判定

符合附件1《水利工程建设项目生产安全重大事故隐患直接判定清单（指南）》中的任何一条要素的，可判定为重大事故隐患。

附件1　　水利工程建设项目生产安全重大事故隐患直接判定清单（指南）

类　别	管理环节	隐患编号	隐 患 内 容
三、专项工程	爆破作业	SJ-Z040	地下井挖，洞内空气含沼气或二氧化碳浓度超过1%时未停止爆破作业的
		SJ-Z044	起爆前，未进行全面清场确认
		SJ-Z045	爆破后未进行检查确认，或未排险立即施工
		SJ-Z041	未设置警戒区，或未按规定进行警戒
		SJ-Z042	无统一的爆破信号和爆破指挥

《爆破安全规程》（GB 6722—2014）

7.1.1 露天爆破作业时，应建立避炮掩体，避炮掩体应设在冲击波危险范围之外；掩体结构应坚固紧密，位置和方向应能防止飞石和有害气体的危害；通达避炮掩体的道路不应有任何障碍。

7.1.2 起爆站应设在避炮掩体内或设在警戒区外的安全地点。

《水利水电施工企业安全生产标准化评审标准》（水利部办安监〔2018〕52号）

4.4.2 按照规定和场所的安全风险特点，在有重大危险源、较大危险因素和严重职业病危害因素的场所（包括施工起重机械、临时供用电设施、脚手架、出入通道口、楼梯口、电梯井口、孔洞口、桥梁口、隧道口、陡坡边缘、变压器配电房、爆破物品库、油品库、危险有害气体和液体存放处等）及危险作业现场（包括爆破作业、大型设备设施安装或拆除作业、起重吊装作业、高处作业、水上作业、设备设施维修作业等），应设置明显的安全警示标志和职业病危害警示标识，告知危险的种类、后果及应急措施等，危险处所

夜间应设红灯示警；在危险作业现场设置警戒区、安全隔离设施，并安排专人现场监护。

★ 应开展的基础工作

（1）地下井挖洞作业时，必须安装空气监测报警装置，对洞内、地下作业的空气质量进行实时监测、检测。同时施工项目必须安排专人对空气质量监测装置进行定期检验、维护，确保其工作状态稳定。

（2）起爆前，施工项目必须根据已批复的方案，分区进行人员排查、清场，完成清场作业后，必须做好值守工作，确保不发生意外。

（3）起爆作业完成后，必须等待专业技术人员对爆破作业进行确认检查，同时根据专项方案要求进行排险作业，经签字确认，得到准予施工的许可后，方可开始下步施工。

（4）爆破作业必须在专项方案中写明统一的爆破信号和爆破总指挥，所有程序均根据专项方案进行。如遇意外情况，必须得到总指挥的许可后，方可进行作业施工。

（5）必须根据专项施工方案建立避炮掩体，避炮掩体必须设置在冲击波危险范围之外；掩体结构必须坚固紧密，位置和方向应能防止飞石和有害气体的危害；通达避炮掩体的道路必须保持畅通，禁止有任何障碍。起爆站必须设在避炮掩体内或设在警戒区外的安全地点。

● 违规行为标准条文

50. 未按规定进行盲炮处理，残留炮孔内（套孔）钻孔作业；未按规定进行爆破公示，爆破信号不明确

◆ 法律、法规、规范性文件和技术标准要求

《水利工程生产安全重大事故隐患判定标准（试行）》（水利部水安监〔2017〕344号）

3.2　综合判定

符合附件2《水利工程建设项目生产安全重大事故隐患综合判定清单（指南）》重大隐患判据的，可判定为重大事故隐患。

附件2　　　水利工程建设项目生产安全重大事故隐患综合判定清单（指南）

类别	管理环节	隐患编号	隐患内容
五、专项工程	地下工程	基础条件	全管理制度、安全操作规程和应急预案不健全
			未按规定组织开展安全检查和隐患排查治理
			安全教育和培训不到位或相关岗位人员未持证上岗
		SJ-ZWZ004	未按规定进行盲炮处理
		SJ-ZWZ005	残留炮孔内（套孔）钻孔作业
		SJ-ZWZ006	未按规定进行爆破公示
		SJ-ZWZ007	爆破信号不明确

以上条款，满足全部基础条件，加任意两项隐患，即可判定为重大事故隐患。

★ 应开展的基础工作

（1）建立健全项目的安全管理制度、操作规程和应急预案，应急预案必须开展演练，并根据演练情况，进一步完善和修改预案。定期组织开展安全检查和隐患排查，相关检查和排查须留有记录，发现的问题，必须有整改闭合情况的检查和回复。所有施工人员必须定期接受安全教育，特殊岗位必须持证上岗。

（2）在爆破专项方案中必须明确盲炮处理流程，爆破出现盲炮或有残留炮孔后，必须根据经批复的方案进行盲炮和残留炮孔处理。

（3）爆破作业前，必须在相关区域进行爆破公示。于爆破作业施工现场周边，设置公告、告知等，明确本次爆破的作业范围、作业时间等。必要时，必须在爆破作业周边村庄、道路等重点区域，采取广播、散发作业告知书等形式，广泛告知爆破作业情况。

（4）在爆破专项方案中必须明确每次爆破的信号，明确爆破作业的现场总指挥。所有作业，由总指挥下达命令。

● 违规行为标准条文

51. 未按照围堰工程设计或技术方案施工

◆ 法律、法规、规范性文件和技术标准要求

《水利工程建设安全生产管理规定》（水利部令第 50 号）

第二十三条　施工单位应当在施工组织设计中编制安全技术措施和施工现场临时用电方案，对下列达到一定规模的危险性较大的工程应当编制专项施工方案，并附具安全验算结果，经施工单位技术负责人签字以及总监理工程师核签后实施，由专职安全生产管理人员进行现场监督：（一）基坑支护与降水工程；（二）土方和石方开挖工程；（三）模板工程；（四）起重吊装工程；（五）脚手架工程；（六）拆除、爆破工程；（七）围堰工程；（八）其他危险性较大的工程。对前款所列工程中涉及高边坡、深基坑、地下暗挖工程、高大模板工程的专项施工方案，施工单位还应当组织专家进行论证、审查。

《水利工程生产安全重大事故隐患判定标准（试行）》（水利部水安监〔2017〕344 号）

3.1　直接判定

符合附件 1《水利工程建设项目生产安全重大事故隐患直接判定清单（指南）》中的任何一条要素的，可判定为重大事故隐患。

附件 1　　水利工程建设项目生产安全重大事故隐患直接判定清单（指南）

类　别	管理环节	隐患编号	隐 患 内 容
二、临时工程	围堰工程	SJ－Z004	没有专门设计，或没有按照设计或方案施工，或未验收合格投入运行

★　应开展的基础工作

围堰工程施工前，必须根据实际施工情况，经专业设计计算，设计必须经过审批。按照批复的围堰设计方案进行施工，必要时根据设计方案编制专项施工方案，并严格执行专项施工方案进行施工。

●　违规行为标准条文

52. 未开展围堰监测监控，工况发生变化时未及时采取措施

◆　法律、法规、规范性文件和技术标准要求

《水利工程生产安全重大事故隐患判定标准（试行）》（水利部水安监〔2017〕344 号）

3.1　直接判定

符合附件 1《水利工程建设项目生产安全重大事故隐患直接判定清单（指南）》中的任何一条要素的，可判定为重大事故隐患。

附件 1　　水利工程建设项目生产安全重大事故隐患直接判定清单（指南）

类　别	管理环节	隐患编号	隐 患 内 容
二、临时工程	围堰工程	SJ－Z006	未开展监测监控，工况发生变化时未及时采取措施

★　应开展的基础工作

（1）围堰工程施工前，应编制专项施工方案，并附具安全验算结果。专项施工方案应报监理、设计等单位批复。

（2）方案实施过程中，必须开展实时的检测监控，确保施工过程严格根据施工方案进行施工，确保施工中各项数据及时、准确。对施工过程中发生的变化，及时采取暂停施工、紧急避险等措施。

●　违规行为标准条文

53. 围堰拆除未进行专门设计论证；爆破拆除未进行专门设计，编制专项施工方案，

或未按专项方案作业，或未对保留的结构部分采取可靠的保护措施

◆ 法律、法规、规范性文件和技术标准要求

《爆破安全规程》(GB 6722—2014)

5.2.2　设计文件

5.2.2.1　爆破工程均应编制爆破技术设计文件。

5.2.2.2　矿山深孔爆破和其他重复性爆破设计，允许采用标准技术设计。

5.2.2.3　爆破实施后应根据爆破效果对爆破技术设计作出评估，构成完整的工程设计文件。

5.2.2.4　爆破技术设计、标准技术设计以及设计修改补充文件，均应签字齐全并编录存档。

《水利工程生产安全重大事故隐患判定标准（试行)》(水利部水安监〔2017〕344 号)

3.1　直接判定

符合附件1《水利工程建设项目生产安全重大事故隐患直接判定清单（指南)》中的任何一条要素的，可判定为重大事故隐患。

附件1　　水利工程建设项目生产安全重大事故隐患直接判定清单（指南)

类　别	管理环节	隐患编号	隐 患 内 容
三、专项工程	拆除工程	SJ－Z057	围堰拆除未进行专门设计论证，编制专项方案，或无应急预案
		SJ－Z058	爆破拆除未进行专门设计，编制专项施工方案，或未按专项方案作业，或未对保留的结构部分采取可靠的保护措施

★ 应开展的基础工作

(1) 围堰拆除施工作业前，应编制专项施工方案，方案中应明确应急措施（或编制围堰拆除专项应急预案)，方案应经过审批。

(2) 爆破拆除施工应编制专项爆破拆除施工方案，并组织专家论证。方案中应明确相应的应急措施（或编制专项应急预案)，爆破拆除施工应严格执行经过批复的爆破拆除方案。

● 违规行为标准条文

54. 施工用电系统未按规定实行三相五线制；混凝土浇筑振捣棒漏电保护措施不到位，配电线路电线绝缘破损、带电金属导体外露，漏电保护器的漏电动作时间或漏电动作

电流不符合规范要求等

◆ 法律、法规、规范性文件和技术标准要求

《水利工程生产安全重大事故隐患判定标准（试行）》（水利部水安监〔2017〕344号）

3.1 直接判定

符合附件1《水利工程建设项目生产安全重大事故隐患直接判定清单（指南）》中的任何一条要素的，可判定为重大事故隐患。

附件1　　水利工程建设项目生产安全重大事故隐患直接判定清单（指南）

类别	管理环节	隐患编号	隐患内容
三、专项工程	施工用电	SJ-Z002	未按规定实行三相五线制或三级配电或两级保护

《建设工程施工现场供用电安全规范》（GB 50194—2014）

9.2.1 施工现场使用手持式电动工具应符合现行国家标准《手持式电动工具的管理、使用、检查和维修安全技术规程》GB/T 3787的有关规定。

9.2.2 施工现场电动工具的选用应符合下列规定：

1 一般施工场所可选用Ⅰ类或Ⅱ类电动工具；

2 潮湿、泥泞、导电良好的地面，狭窄的导电场所应选用Ⅱ类或Ⅲ类电动工具；

3 当选用Ⅰ类或Ⅱ类电动工具时，Ⅰ类电动工具金属外壳与保护导体（PE）应可靠连接，为其工地那的末级配电箱中剩余电流保护器的额定剩余电流动作值不应大于30mA，额定剩余电流动作时间不应大于0.1s。

★ 应开展的基础工作

（1）施工现场用电线缆，必须采用符合国家强制性标准的合格电缆，电缆规格必须为5芯电缆，即三条相线（L1、L2、L3）和一条中性线（N线）及一条保护零线（PE线）。

（2）现场用电必须符合三级配电、两级保护的要求。必须做到“一机一箱一闸一漏保”的要求。现场所用配电箱、断路器、漏电保护器、开关等均要符合相关规定。

（3）含混凝土浇筑振捣棒在内，所有现场的小型电动工具，必须符合国家现行有关强制性标准的要求，且必须有合格证和使用说明书。小型电动工具，在使用前，必须经过外观检查，线路破损或试用不合格的电动工具，禁止使用。

● 违规行为标准条文

55. 地下暗挖工程、有限作业空间、潮湿等场所作业未使用安全电压，在存放易燃、易爆物品场所或有瓦斯的巷道内未使用防爆照明设备

◆ 法律、法规、规范性文件和技术标准要求

《水利工程生产安全重大事故隐患判定标准（试行）》（水利部水安监〔2017〕344号）

3.1 直接判定

符合附件1《水利工程建设项目生产安全重大事故隐患直接判定清单（指南）》中的任何一条要素的，可判定为重大事故隐患。

附件1　　水利工程建设项目生产安全重大事故隐患直接判定清单（指南）

类　别	管理环节	隐患编号	隐 患 内 容
三、专项工程	施工用电	SJ-Z004	地下暗挖工程、有限空间作业、潮湿等场所作业未使用安全电压

《水利水电工程施工通用安全技术规程》（SL 398—2007）

3.1.18 施工照明及线路，应遵守下列规定：

1 露天施工现场宜采用高效能的照明设备。

2 施工现场及作业地点，应有足够的照明，主要通道应装设路灯。

3 在存放易燃、易爆物品场所或有瓦斯的巷道内，照明设备应符合防爆要求。

★ 应开展的基础工作

（1）在地下室内或潮湿场所施工或施工现场照明灯具安装高度低于2.5m，必须使用36V以下安全电压的照明变压器和照明灯具；在潮湿和易触及带电体场所的照明电源电压不应大于24V；在特别潮湿的场所，导电良好的地面、金属容器内工作的照明电源电压不应大于12V。

（2）存放易燃、易爆物品场所或有瓦斯的巷道内，必须选用符合国家强制性标准的防爆照明设备。

● 违规行为标准条文

56. 配电箱及开关箱安装使用不符合规程规范要求

◆ 法律、法规、规范性文件和技术标准要求

《水利水电工程施工安全防护设施技术规范》（SL 714—2015）

3.7.3 配电箱、开关箱应装设在干燥、通风机常温场所，设置防雨、防尘和防砸设施。不应装设在有瓦斯、烟气、蒸汽、液体及其他有害介质环境中不应装设在易受外来固体物撞击、强烈振动、液体浸溅及热源烘烤的场所。

《水利水电施工企业安全生产标准化评审标准》（水利部办安监〔2018〕52号）

4.2.3　施工用电管理

按照有关法律法规、技术标准做好施工用电管理。建立施工用电管理制度；按规定编制用电组织设计或制定安全用电和电气防火措施；外电线路及电气设备防护满足要求；配电系统、配电室、配电箱、配电线路等符合相关规定；自备电源与网供电源的联锁装置安全可靠；接地与防雷满足要求；电动工器具使用管理符合规定；照明满足安全要求；施工用电应经验收合格后投入使用，并定期组织检查。

★　应开展的基础工作

（1）施工项目的技术部门应编制临时用电专项方案，根据方案合理布置线路和配电箱及开关箱，禁止配电箱和开关箱与有害介质环境出现冲突。

（2）施工现场配电系统严格采用三相五线制和三级配电、两级漏电保护系统。

（3）开关箱必须符合一机、一闸、一漏的要求，开关箱内的漏电保护器其额定漏电动作电流应大于30mA，额定漏电动作时间应小于0.1s。

（4）配电箱、开关箱内的电器、闸具、保护齐全有效，线路整理合格，严禁从箱柜上端和侧面进出电源线。

（5）动力配电箱与照明配电箱宜分别设置，如合置在同一配电箱内，动力和照明线路应分路设置。

（6）分配电箱与开关箱的距离原则上不得超过30m，开关箱与其控制的固定式用电设备的水平距离不宜超过3m，与手持电动工具的距离不宜大于5m。

（7）配电箱，开关箱的装设应端正，牢固。固定式配电箱、开关箱的下底与地面的垂直距离应大于1.3m，小于1.5m，移动式分配电箱的下底与地面的垂直距离应大于0.6m，小于1.5m。携带式开关箱应有10～20cm的箱腿。开关箱必须立放，禁止倒放。配电柜下方应砌台或立于固定支架上。

（8）配电箱、开关箱应有专人负责，箱门上锁。对配电箱、开关箱进行检查、维修时，必须将其前一级相应的电源开关分闸断电，并悬挂停电标志牌，严禁带电作业。

（9）所有配电箱。开关箱在使用过程中必须按照下述操作顺序：送电操作顺序为：总配电箱→分配电箱→开关箱；停电操作顺序为：开关箱→分配电箱→总配电箱（紧急情况除外）。

●　违规行为标准条文

57. 施工现场及作业地点无足够照明

◆　法律、法规、规范性文件和技术标准要求

《水利水电工程施工通用安全技术规程》（SL 398—2007）

3.1.18　施工照明及线路，应遵守下列规定：

1　露天施工现场宜采用高效能的照明设备。

2　施工现场及作业地点，应有足够的照明，主要通道应装设路灯。

3　在存放易燃、易爆物品场所或有瓦斯的巷道内，照明设备应符合防爆要求。

4.5.9　现场照明宜采用高光效、长寿命的照明光源。对需要大面积照明的场所宜采用高压汞灯、高压钠灯或混光用的卤钨灯。照明器具选择应遵守下列规定：

1　正常湿度时，选用开启式照明器材。

2　潮湿或特别潮湿的场所，应选用密闭型防水防尘照明器或配有防水灯头的开启式照明器材。

3　含有大量尘埃但无爆炸和火灾危险的场所，应采用防尘型照明器材。

4　对有爆炸和火灾危险的场所，应按危险场所等级选择相应的防爆型照明器材。

5　在振动较大的场所，应选用防振型照明器材。

6　对有酸碱等强腐蚀的场所，应采用耐酸碱型照明器材。

7　照明器具和器材的质量均应符合有关标准、规范的规定，不应使用绝缘老化或破损的器具和器材。

《施工现场临时用电安全技术规范》(JGJ 46—2005)

10.3.11　对夜间影响飞机或车辆通行的在建工程及机械设备，必须设置醒目的红色信号灯，其电源应设在施工现场总电源开关的前侧，并应设置外电线路停止供电时的应急自备电源。

《水利水电工程施工安全管理导则》(SL 721—2015)

10.1.13　夜间施工时，施工单位应保证施工现场设有满足施工安全要求的照明，危险潮湿场所的照明以及手持照明灯具，必须采用符合安全要求的电压。

《水利水电施工企业安全生产标准化评审标准》(水利部办安监〔2018〕52号)

4.2.3　施工用电管理

按照有关法律法规、技术标准做好施工用电管理。建立施工用电管理制度；按规定编制用电组织设计或制定安全用电和电气防火措施；外电线路及电气设备防护满足要求；配电系统、配电室、配电箱、配电线路等符合相关规定；自备电源与网供电源的联锁装置安全可靠；接地与防雷满足要求；电动工器具使用管理符合规定；照明满足安全要求；施工用电应经验收合格后投入使用，并定期组织检查。

★　应开展的基础工作

(1) 施工现场宜采用复合国家标准要求的照明设备。特殊位置，例如存放易燃、易爆物品场所或有瓦斯的巷道等位置，必须采用有防爆、高强、耐腐蚀要求的照明灯具。

(2) 施工现场室外220V灯具距地面不应低于3m，室内220V灯具距地面不应低于2.5m。

普通灯具与易燃物距离不宜小于300mm；聚光灯、碘钨灯等高热灯具与易燃物距

离不宜小于500mm，且不应直接照射易燃物。达不到规定安全距离时，应采取隔热措施。

(3) 施工现场周边道路、临边、坑洞等位置，必须设置夜间警示措施。

● 违规行为标准条文

58. 未按规定设置接地系统或避雷系统

◆ 法律、法规、规范性文件和技术标准要求

《水利水电工程施工通用安全技术规程》(SL 398—2007)

4.2.1　施工现场专用的中性点直接接地的电力线路中应采用TN－S接零保护系统，并应遵守以下规定：

7　接地装置的设置应考虑土壤干燥或冻结等季节变化的影响。但防雷装置的冲击接地电阻值只考虑在雷雨季节中土壤干燥状态的影响。

8　保护零线的截面，应不小于工作零线的截面，同时应满足机械强度要求，保护零线的统一标志为绿/黄双色线。

4.2.5　施工现场用电的接地和接零应符合以下要求：

1　保护零线除应在配电室或总配电箱处作重复接地外，还应在配电线路的中间处和末端处作重复接地。保护零线每一重复接地装置的接地电阻值应不大于10Ω。

2　每一接地装置的接地线应采用两根以上导体，在不同点与接地装置作电气连接。不应用铝导体作接地体或地下接地线。垂直接地体宜采用角钢，钢管或圆钢，不宜采用螺纹钢材。

3　电气设备应采用专用芯线作保护接零，此芯线严禁通过工作电流。

4　手持式用电设备的保护零线，应在绝缘良好的多股铜线橡皮电缆内。其截面不应小于$1.5mm^2$，其芯线颜色为绿/黄双色。

5　Ⅰ类手持式用电设备的插销上应具备专用的保护接零（接地）触头。所用插头应能避免将到点触头误作接地触头使用。

6　施工现场所有用电设备，除作保护接零外，应在设备负荷线的首端处设置有可靠的电气连接。

《电气装置安装工程接地装置施工及验收规范》(GB 50169—2016)

4.12.2　电气装置的系统接地、保护接地与建筑物防雷接地等采用同一接地装置，接地装置的接地电阻值应符合其中最小值的要求。

《水利水电施工企业安全生产标准化评审标准》(水利部办安监〔2018〕52号)

4.2.3　施工用电管理

按照有关法律法规、技术标准做好施工用电管理。建立施工用电管理制度；按规定编制用电组织设计或制定安全用电和电气防火措施；外电线路及电气设备防护满足要求；配

电系统、配电室、配电箱、配电线路等符合相关规定；自备电源与网供电源的联锁装置安全可靠；接地与防雷满足要求；电动工器具使用管理符合规定；照明满足安全要求；施工用电应经验收合格后投入使用，并定期组织检查。

★ 应开展的基础工作

（1）施工项目的现场用电系统必须经过技术人员设计计算，根据设计计算进行施工项目用电系统的布置。施工完成后，必须经过施工项目专业电工、技术人员、施工人员和施工项目安全管理人员进行联合验收，验收合格，必须在验收单上签字确认。

（2）施工项目的接地装置在施工完成后，必须进行验收，必要时，请监理单位代表参与验收，并在验收时实测接地电阻。验收合格，必须在联合验收单上签字确认。

● 违规行为标准条文

59. 施工现场动火作业未按规定办理动火审批手续；或周围有易燃易爆物品，未采取安全防护和隔离措施

◆ 法律、法规、规范性文件和技术标准要求

《水利水电工程施工通用安全技术规程》(SL 398—2007)

5.2.10　高处作业时，应对下方易燃、易爆物品进行清理和采取相应措施后，方可进行电焊、气焊等动火作业，并应配备消防器材和专人监护。

9.2.1　焊接场地

1　焊接或气割场地应无火灾隐患。若需在禁火区内焊接、气割时，应办理动火审批手续，并落实安全措施后方可进行作业。

《建设工程施工现场消防技术规范》(GB 50720—2011)

6.3.1　施工现场用火应符合下列规定：

1　动火作业应办理动火许可证；动火许可证的签发人收到动火申请后，应前往现场查验并确认动火作业的防火措施落实后，再签发动火许可证。

《水利水电施工企业安全生产标准化评审标准》(水利部办安监〔2018〕52号)

4.2.7　消防安全管理

按照有关法律法规、技术标准做好消防安全管理。建立消防管理制度，建立健全消防安全组织机构，落实消防安全责任制，建立重点防火部位或场所档案；临建设施之间的安全距离、消防通道等均符合消防安全规定；仓库、宿舍、加工场地及重要设备配有足够的消防设施、器材，并建立台账；消防设施、器材应有防雨、防冻措施，并定期检验、维修，确保完好有效；严格执行动火审批制度；组织开展消防培训和演练。

★ 应开展的基础工作

(1) 施工现场的任何动火作业必须办理动火作业许可证，得到准予进行动火作业的许可后，方可根据批复开始施工。

(2) 开始动火作业前必须对相关作业人员进行安全技术交底，明确动火作业中的隐患点和注意事项。

(3) 现场管理人员必须对消防器材进行检查，确保消防器材合格、有效，一旦出现意外，能起到应有的作用。

(4) 现场施工人员必须对每次动火施工作业进行旁站监督或监护，并根据动火审批许可做好记录。

● 违规行为标准条文

60. 焊工在漏水潮湿环境中违规作业，电焊结束后未及时切断电源

◆ 法律、法规、规范性文件和技术标准要求

《焊接与切割安全》(GB 9448—1999)

11.2 弧焊设备的安装

弧焊设备的安装必须在符合GB/T 4064规定的基础上，满足下列要求。

11.2.1 设备的工作环境与其技术说明书规定相符，安放在通风、干燥、无碰撞或无剧烈震动、无高温、无易燃品存在的地方。

11.2.2 在特殊环境条件下（如：室外的雨雪中；温度、适度、气压超出正常范围会具有腐蚀、爆炸危险的环境），必须对设备采取特殊的防护措施以保证其正常的工作性能。

《水利水电工程施工作业人员安全操作规程》(SL 401—2007)

9.1.5 焊接及切割作业应遵守下列规定：

1 作业前应了解焊接与热切割工艺技术以及周围环境情况，并应对焊、割机具作工前检查，严禁盲目施工。

2 工作面应设置防弧光和电火花的挡板或围屏。

3 严禁在易燃易爆场所和盛装有可燃液体或可燃气体的容器上进行焊、割作业。

4 焊、割盛装过可燃液体或气体的容器时，应事先对容器清洗干净，并打开容器孔盖，确认容器内无易燃液体或易燃气体后，方可作业。

5 在密闭或半密闭的工件内焊、割作业，宜有2个以上通风口，并应设专人监护。

6 焊、割作业燃气瓶、氧气瓶之间的距离应不小于5m，气瓶与火源（火点）的距离应不小于10m。

7 焊、割后的灼热工件不应堆放在电焊钳（把）线、焊枪软管旁，也不应将电焊钳

（把）线与焊枪软管绞在一起。

8 作业过程中不应将焊接电缆、气带等缠绕在自己的身上或踩在脚下。

9 作业完成后，应切断电源和气源，盘收电焊钳（把）线和焊枪软管，清扫工作场地，做到工完场清。

《水利水电施工企业安全生产标准化评审标准》（水利部办安监〔2018〕52号）

4.2.16 焊接作业

按照有关法律法规、技术标准进行焊接作业。建立焊接作业安全管理制度；焊接前对设备进行检查，确保性能良好，符合安全要求；焊接作业人员持证上岗，按规定正确佩戴个人防护用品，严格按操作规程作业；进行焊接、切割作业时，有防止触电、灼伤、爆炸和引起火灾的措施，并严格遵守消防安全管理规定；焊接作业结束后，作业人员清理场地、消除焊件余热、切断电源，仔细检查工作场所周围及防护设施，确认无起火危险后离开。

★ 应开展的基础工作

（1）在潮湿、漏水环境中进行焊接作业，必须对焊接构件进行清理和防护，确保其符合焊接作业条件要求。

（2）焊接作业完毕，应及时切断电源，将电焊钳（把）线等相关作业器具进行整理，并对场地进行清理，做到工完场清。

● 违规行为标准条文

61. 制冷系统安全防护不符合规定

◆ 法律、法规、规范性文件和技术标准要求

《水利工程生产安全重大事故隐患判定标准（试行）》（水利部水安监〔2017〕344号）

3.1 直接判定

符合附件1《水利工程建设项目生产安全重大事故隐患直接判定清单（指南）》中的任何一条要素的，可判定为重大事故隐患。

附件1　　水利工程建设项目生产安全重大事故隐患直接判定清单（指南）

类　别	管理环节	隐患编号	隐 患 内 容
四、其他	液氨制冷	SJ－Q012	制冷车间无通（排）风措施或排风量不符合要求或排（吸）管处未设止逆阀；安全出口的布置不符合要求

★ 应开展的基础工作

为保证制冷系统的安全运行，设备及系统中必须装有必要的安全装置。这些安全装置

必须是完好的、有效的。

(1) 压力监视及其安全设备。①压力监视设备；②压力保护安全设备；③压力继电器。

(2) 液位监视及其安全设备。主要包括液面计、液面控制器、浮球阀等。

(3) 温度监视及其安全设备。

(4) 其他安全防护措施。①止回阀；②平衡管；③机器间和设备间设有事故排风设备，及时排除有害气体，排风能力要求每小时能将室内空气更换不少于8次。室内和室外都有事故风机按钮开关。此外，机器的转动部位应设置安全保护罩；机房应配备防毒面具、带靴的防毒衣、橡皮手套、木塞、管夹、氧气呼吸器的防护用具和抢救药品，并定期检查，确保使用；高压贮液器放在室外时，应有遮阳棚，防止阳光直晒。

(5) 安全操作。为了使制冷系统安全运行，有三个必要的条件：第一是系统内的制冷剂不得出现异常高压，以免设备破裂；第二是不得发生湿冲程、液击等误操作，以免破坏压缩机；第三是运动部件不得有缺陷或紧固件松动，以免损坏机械或制冷剂泄漏。

● 违规行为标准条文

62. 制冷系统未经验收或验收不合格投入使用

◆ 法律、法规、规范性文件和技术标准要求

《水利工程生产安全重大事故隐患判定标准（试行）》（水利部水安监〔2017〕344号）

3.1　直接判定

符合附件1《水利工程建设项目生产安全重大事故隐患直接判定清单（指南）》中的任何一条要素的，可判定为重大事故隐患。

附件1　　水利工程建设项目生产安全重大事故隐患直接判定清单（指南）

类　别	管理环节	隐患编号	隐 患 内 容
四、其他	液氨制冷	SJ－Q015	制冷系统未经验收或验收不合格投入运行

★ 应开展的基础工作

制冷系统施工前必须编制施工方案，方案必须明确制冷系统施工要点和验收条件。参与验收的各方，必须对施工中的重点工序进行过程验收，并签署验收意见；不能通过验收的，必须给出改进、提高的意见和建议。施工完成后，参验各方对制冷系统进行联合验收，并签署验收意见。

● 违规行为标准条文

63. 未按要求进行地下工程超前地质预报、地质观测、监控量测，未按规定对作业面

进行有毒有害气体监测，未按规定设置通风设施，未根据地质条件采取有效支护措施；隧洞临时支护施工前，未对周边围岩稳定情况进行检查，临时支护机构不符合规定；洞室开挖施工前未对不良地质做出预报或未制定专项保证的安全措施；锚杆钻孔施工前未认真检查施工区围岩稳定情况等

◆ 法律、法规、规范性文件和技术标准要求

《水利工程生产安全重大事故隐患判定标准（试行）》（水利部水安监〔2017〕344号）

3.1 直接判定

符合附件1《水利工程建设项目生产安全重大事故隐患直接判定清单（指南）》中的任何一条要素的，可判定为重大事故隐患。

附件1　　水利工程建设项目生产安全重大事故隐患直接判定清单（指南）

类别	管理环节	隐患编号	隐患内容
三、专项工程	地下工程	SJ-Z030	未按要求进行超前地质预报、监控测量
		SJ-Z031	未按规定对作业面进行有毒有害气体检测
		SJ-Z033	未按规定设置通风设施

《水工建筑物地下开挖工程施工规范》（SL 378—2007）

5.2.3 地下洞室洞口可设置防护棚。必要时，应在洞脸上部加设挡石栅栏。洞口开挖时对周围岩体应尽量减少扰动。当洞口处岩体软弱、破碎，成洞条件差时，应首先进行超前加固和支护，再进行洞口开挖。

5.8.1 断层及破碎带、缓倾角节理密集带、岩溶发育、地下水丰富及膨胀岩体地段和高地应力区等不良地质条件洞段开挖，应根据地质预报，针对其性质和特殊地质问题，制定专项保证安全施工的工程措施。

5.8.2 不良地质条件洞段应采取短进尺和分部开挖方式施工。开挖后应立即进行临时支护，支护完成后方可进行下一循环或下一分部的开挖。开挖循环进尺应根据监测结果调整，分部方法可根据地质构造及围岩稳定程度确定。

7.1.3 开始掘进之前，施工单位应根据建设单位提供的地质资料和设计文件编制施工组织计划，并应根据可能遇到的不良地质条件制定可靠的技术保障措施。

9.1.1 开挖后需要支护的地段，应根据围岩条件、洞室断面型式、断面尺寸、开发方法、围岩自稳时间等因素，确定以锚杆、喷射混凝土为主的临时支护方案。

9.1.3 同一地段临时支护与开挖作业间隔时间、施工顺序及支护跟进方式，应根据批准的施工方法进行施工。稳定性差的围岩，临时支护应紧跟开挖作业面实施，必要时还应采用超前支护的措施。

9.1.4 应按设计要求，开展施工期的安全监测工作。现场安全监测应与施工同步进行。对大断面洞室和特殊部位宜进行长期监测。施工期的安全监测应按本标准第10章的规定执行。

《水利水电工程施工安全防护设施技术规范》（SL 714—2015）

3.3.6　排架、井架、施工用电梯、大坝廊道、隧洞等出入口和上部有施工作业的通道，应设有防护棚，其长度应超过可能坠落范围，宽度不应小于通道的宽度。当可能坠落的高度超过24m时，应设双层防护棚。

★　应开展的基础工作

（1）地下工程施工前，必须编制专项施工方案，施工方案必须经本单位技术负责人审核、签字。必要时，必须进行专家论证。施工单位根据经过批复的专项施工方案进行施工。施工方案中必须明确有对地质预报、地质观测、监控量测等具体内容，明确对有毒有害气体监测的方式方法。

方案必须明确，根据施工进度，对通风设备、设施和送（排）风量的要求。

（2）施工时，施工单位必须根据建设单位提供的地质资料和设计文件采取有效支护措施。对隧洞周边围岩稳定情况进行检查，根据检查结果，依据专项施工方案进行支护。

（3）洞室开挖施工前，对洞室周边的地质情况进行检查，对不良地质及时做出预报，同时制定专项安全措施并进行技术交底。

●　违规行为标准条文

64. 地下工程开挖前未对掌子面及其临近的拱顶、拱腰围岩进行排险处理，相向开挖的两端避炮措施不到位，斜（竖）井相向开挖仅有5m时未采取自上端向下打通

◆　法律、法规、规范性文件和技术标准要求

《水利工程生产安全重大事故隐患判定标准（试行）》（水利部水安监〔2017〕344号）

3.1　直接判定

符合附件1《水利工程建设项目生产安全重大事故隐患直接判定清单（指南）》中的任何一条要素的，可判定为重大事故隐患。

附件1　　水利工程建设项目生产安全重大事故隐患直接判定清单（指南）

类　别	管理环节	隐患编号	隐 患 内 容
三、专项工程	地下工程	SJ－Z034	开挖前未对掌子面机器临近的拱顶、拱腰围岩进行排险处理，或相向开挖的两段在相距30m以内时装炮作业前，未通知另一端停止工作并撤退到安全地点，或相向开挖作业两段相距15m时，一端未停止掘进，单项贯通的，或斜（竖）井相向开挖距贯通尚有5m长地段，未采取自上端向下打通

★ 应开展的基础工作

地下工程开挖前，必须编制专项施工方案，专项施工方案必须经本单位技术负责人审核、签字，施工单位根据经过批复的施工方案进行施工。

地下工程开挖前必须对掌子面及其临近的拱顶、拱腰围岩进行排险处理。相向开挖作业时，必须根据专项方案中的安全措施，两端作业面进行确认，达到条件时方可进行下步作业。

斜（竖）井相向开挖仅有5m时，必须采取自上端向下打通的方式进行施工。

● 违规行为标准条文

65. 隧洞内存放、加工、销毁民用爆炸物品；隧洞进出口无防护棚，对地下洞室施工使用柴油发电机未制定应急救援预案，或作业人员未采用必要的防护措施

◆ 法律、法规、规范性文件和技术标准要求

《水利水电工程施工安全防护设施技术规范》（SL 714—2015）

5.3.1 隧洞洞口施工应符合下列要求：

1 有良好的排水措施。

2 应及时清理洞脸，及时锁口。在洞脸边坡外侧应设置挡渣墙或集石槽，或在洞口设置网或木构架防护棚，其顺洞轴方向伸出洞口外长度不得小于5m。

《水利工程生产安全重大事故隐患判定标准（试行）》（水利部水安监〔2017〕344号）

3.1 直接判定

符合附件1《水利工程建设项目生产安全重大事故隐患直接判定清单（指南）》中的任何一条要素的，可判定为重大事故隐患。

附件1　　水利工程建设项目生产安全重大事故隐患直接判定清单（指南）

类　别	管理环节	隐患编号	隐 患 内 容
三、专项工程	地下工程	SJ-Z036	隧洞内存放、加工、销毁民用爆炸物品
		SJ-Z038	隧洞进出口无防护棚

《水工建筑物地下开挖工程施工规范》（SL 378—2007）

11.2.4 地下洞室开挖时需要的风量，可根据下列要求计算确定，并取其最大值：

3 洞内使用柴油机械时，可按每千瓦每分钟消耗$4m^3$风量计算，并与工作人员所需风量相叠加。

12.4.1 施工单位应视工程规模和施工作业区附近的医疗设施条件设置急救站，并应备有担架、氧气、带氧防毒面具、交通车辆及其他急救用品。

★ 应开展的基础工作

（1）禁止在隧洞内存放、加工、销毁任何爆炸物品。

（2）排架、井架、施工用电梯、大坝廊道、隧洞等出入口和上部有施工作业的通道，应设有防护棚，其长度应超过可能坠落范围，宽度不应小于通道的宽度。当可能坠落的高度超过24m时，应设双层防护棚。

（3）地下洞室内使用柴油机时，必须保证洞内风量符合规范要求，必须制定相应应急预案，预案明确每班施工人员各自应急职责，并进行安全交底，必要时开展应急演练。作业人员必须根据施工方案要求，采取防护措施。

● 违规行为标准条文

66.Ⅳ、Ⅴ类围岩洞室施工未按设计方案支护，未按规定制定施工支护作业指导书

◆ 法律、法规、规范性文件和技术标准要求

《水利水电工程土建施工安全技术规程》(SL 399—2007)

3.7.1　施工支护前，应根据地质条件、结构断面尺寸、开挖工艺、围岩暴露时间等因素进行支护设计，制定详细的施工作业指导书，并向施工作业人员进行交底。

3.7.3　作业人员应根据施工作业指导书的要求，及时进行支护。

《水利水电施工企业安全生产标准化评审标准》(水利部办安监〔2018〕52号)

4.2.10　洞室作业

按照有关法律法规、技术标准进行洞室作业。根据现场实际制定专项施工方案；进洞前，做好坡顶坡面的截水排水系统；Ⅲ、Ⅳ、Ⅴ类围岩开挖除对洞口进行加固外，应在洞口设置防护棚；洞口边坡上和洞室的浮石、危石应及时处理，并按要求及时支护；交叉洞室在贯通前优先安排锁口锚杆的施工；位于河水位以下的隧洞进、出口，应设置围堰或预留岩坎等防止水淹洞室的措施；洞内渗漏水应集中引排处理，排水通畅；有瓦斯等有害气体的防治措施；按要求布置安全监测系统，及时进行监测、分析、反馈观测资料，并按规定进行检查；遇到不良地质地段开挖时，采取浅钻孔、弱爆破、多循环，尽量减少对围岩的扰动，并及时进行支护。遇不良地质构造或易塌方地段，有害气体逸出及地下涌水等突发事件，立即停工，并撤至安全地点；洞内照明、通风、除尘满足规范要求。

★ 应开展的基础工作

（1）水利工程施工单位。

1）施工单位技术负责人审批项目支护设计方案。

2）施工单位技术管理部门、安全管理部门对项目支护作业进行监督检查、指导。

（2）水利工程施工项目。

1）项目技术负责人组织编制支护设计方案并进行报批。

2）按照批准的支护设计方案进行围岩洞室支护施工。

3）支护作业前，项目技术负责人组织编制支护作业指导书。

4）按照支护作业指导书进行施工支护作业。

5）支护作业前，项目技术负责人对现场管理人员、对作业人员进行安全技术交底，保存交底记录。

● 违规行为标准条文

67. 水上（下）作业无专项施工方案，无应急预案，救生设施配备不足

◆ 法律、法规、规范性文件和技术标准要求

《水利水电工程施工安全管理导则》（SL 721—2015）

7.3.1　施工单位应在施工前，对达到一定规模的危险性较大的专项工程编制专项施工方案（见附录A）；对于超过一定规模的危险性较大的专项工程（见附录A），施工单位应组织专家对专项施工方案进行审查论证。

附录A　危险性较大的单项工程

A.0.1　达到一定规模的危险性较大的单项工程，主要包括下列工程：

8　水上作业工程。

A.0.2　超过一定规模的危险性较大的单项工程，主要包括下列工程：

6　其他：

2）……水下作业工程。

《水利水电工程施工安全防护设施技术规范》（SL 714—2015）

9.2.2　水上作业应符合以下规定：

3　所有作业人员应穿戴防护衣服、防护手套、安全帽以及救生衣等防护和救生装备。

《生产安全事故应急条例》（国务院令第708号）

第五条……生产经营单位应当针对本单位可能发生的生产安全事故的特点和危害，进行风险辨识和评估，制定相应的生产安全事故应急救援预案，并向本单位从业人员公布。

《水利水电施工企业安全生产标准化评审标准》（水利部办安监〔2018〕52号）

4.2.12　水上水下作业

按照有关法律法规、技术标准进行水上水下作业。建立水上水下作业安全管理制度；从事可能影响通航安全的水上水下活动应按照有关规定办理《中华人民共和国水上水下活动许可证》；施工船舶应按规定取得合法的船舶证书和适航证书，在适航水域作业；编制专项施工方案，制订应急预案，对作业人员进行安全技术交底，作业时安排专人进行监

护；水上作业有稳固的施工平台和梯道，平台不得超负荷使用；临水、临边设置牢固可靠的栏杆和安全网；平台上的设备固定牢固，作业用具应随手放入工具袋；作业平台上配齐救生衣、救生圈、救生绳和通讯工具；施工平台、船舶设置明显标识和夜间警示灯；建立畅通的水文气象信息渠道；作业人员正确穿戴救生衣、安全帽、防滑鞋、安全带；作业人员按规定经培训考核合格后持证上岗，并定期进行体检；雨雪天气进行水上作业，采取防滑、防寒和防冻措施，水、冰、霜、雪及时清除；遇到六级以上强风等恶劣天气不进行水上作业，暴风雪和强台风等恶劣天气后全面检查，消除隐患。

★ 应开展的基础工作

(1) 水利工程施工单位。

1) 水利施工单位技术负责人审批项目水上作业专项施工方案、水下作业专项施工方案。

2) 水利施工单位技术管理部门组织对项目水下作业专项施工方案组织进行专家论证。

(2) 水利工程施工项目。

1) 项目技术负责人组织制定水上作业专项施工方案、水下作业专项施工方案并报批。

2) 按照审批后的水上作业专项施工方案进行施工。

3) 按照专家论证后的水下作业专项施工方案进行施工。

4) 项目经理组织制定水上（水下）作业事故应急救援预案，事故应急救援预案经评审后进行发布、培训，并组织演练。

5) 项目技术部门负责人对水下（水下）作业管理人员、作业人员进行安全技术交底，保存交底记录。

6) 项目配齐救生设施、配备并建立台账。

● 违规行为标准条文

68. 水下爆破未经批准作业

◆ 法律、法规、规范性文件和技术标准要求

《民用爆炸物品安全管理条例》（国务院令第 653 号）

第三十二条　申请从事爆破作业的单位，应当按照国务院公安部门的规定，向有关人民政府公安机关申请，并提供能够证明其符合本条例第三十一条规定条件的有关材料。

第三十一条　申请从事爆破作业的单位，应当具备下列条件：

（一）爆破作业属于合法的生产活动；

（二）有符合国家有关标准和规范的民用爆炸物品专用仓库；

（三）有具备相应资格的安全管理人员、仓库管理人员和具备国家规定执业资格的爆破作业人员；

（四）有健全的安全管理制度、岗位安全责任制度；

（五）有符合国家标准、行业标准的爆破作业专用设备；

（六）法律、行政法规规定的其他条件。

《水利水电施工企业安全生产标准化评审标准》（水利部办安监〔2018〕52号）

4.2.11　爆破、拆除作业

按照有关法律法规、技术标准进行爆破、拆除作业。爆破、拆除作业单位必须持有相应的资质，建立爆破、拆除安全管理制度；作业前编制方案，进行爆破、拆除设计，履行审批程序，并严格安全交底；装药、堵塞、网络联结以及起爆，由爆破负责人统一指挥，爆破员按爆破设计和爆破安全规程作业；影响区采取相应安全警戒和防护措施，作业时有专人现场监护；爆破工程技术人员、爆破员、安全员、保管员和押运员等应持证上岗。

★　应开展的基础工作

（1）水利工程施工单位。

1）水下作业应由具备相应的资质的单位作业。

2）水利施工单位技术负责人审批项目爆破作业专项方案。

（2）水利工程施工项目。

1）制定爆破作业管理制度和爆破作业专项方案并报批。

2）爆破作业前项目技术负责人对爆破作业管理人员、作业人员进行安全培训和安全技术交底。

3）爆破作业人员持证上岗，保存相应资格证书复印件。

4）项目保存安全培训和安全技术交底记录。

●　违规行为标准条文

69. 有（受）限空间作业未做到“先通风、再检测、后作业”或通风不足、检测不合格作业

◆　法律、法规、规范性文件和技术标准要求

《有限空间安全作业五条规定》（国家安全生产监督管理总局令第69号）

二、必须做到“先通风、再检测、后作业”，严禁通风、检测不合格作业。

《水利水电施工企业安全生产标准化评审标准》（水利部办安监〔2018〕52号）

4.2.18　有（受）限空间作业

按照有关法律法规、技术标准进行有（受）限空间作业。建立有（受）限空间作业安全管理制度；实行有（受）限空间作业审批制度；有（受）限空间作业应当严格遵守“先通风、再检测、后作业”的原则；作业人员必须经安全培训合格方能上岗作业；向作业人

员进行安全技术交底；必须配备个人防中毒窒息等防护装备，严禁无防护监护措施作业；作业现场应设置安全警示标识，应有监护人员；制定应急措施，现场必须配备应急装备，科学施救。

★ 应开展的基础工作

（1）水利工程施工单位。

1）制定有（受）限空间作业安全管理制度。

2）监督检查项目有（受）限空间作业安全生产。

（2）水利工程施工项目。

1）项目技术负责人组织制定有（受）限空间作业安全措施。

2）有（受）限空间作业前，作业队（班组）进行有（受）限空间作业申请，填写《有（受）限空间作业申请表》，经项目工程技术部门、质量管理部门、安全管理部门联合验收合格后由项目技术负责人审批。

3）作业人员配备符合安全要求的防护用品和应急装备。

4）项目技术负责人对有（受）限空间作业管理人员、作业人员进行安全技术交底。

5）作业前先进行通风、检测，空气检测合格后才能进入作业。

6）作业中安排专人进行监护。

7）项目保存《有（受）限空间作业申请表》、安全技术交底、有（受）限空间空气检测记录。

● 违规行为标准条文

70. 缺氧危险作业违反规定

◆ 法律、法规、规范性文件和技术标准要求

《缺氧危险作业安全规程》（GB 8958—2006）

5.2.2　当作业场所空气中同时存在有害气体时，必须在测定氧气浓度的同时测定有害气体的浓度，并根据测定结果采取相应的措施。在作业场所的空气质量达到标准后方可作业。

5.2.3　在进行钻探、挖掘隧道等作业时，作业人员有因硫化氢、二氧化碳或甲烷等有害气体逸出而患缺氧中毒综合征的危险，必须用试钻等方法进行预测调查。发现有上述气体存在时，应先确定处理方法，调整作业方案，再进行作业。

5.2.4　在密闭容器内使用氩、二氧化碳或氦气进行焊接作业时，必须在作业过程中通风换气，使氧气浓度保持在18%以上，或者让作业人员使用隔离式呼吸保护器具。

5.2.5　在通风条件差的作业场所，如地下室、船舱等，配置二氧化碳灭火器时，应将灭火器放置牢固，禁止随便启动，防止二氧化碳意外泄出。建议在放置灭火器的位置设

立明显的标志。

5.2.6　当作业人员在特殊场所（如冷库、冷藏室或密闭设备等）内部作业时，如果供作业人员出入的门或盖不能很容易地从内部打开而又无通讯、报警装置时，严禁关闭门或盖。

5.2.7　当作业人员在与输送管道连接的密闭设备（如油罐、反应塔、贮罐、锅炉等）内部作业时，必须严密关闭阀门，或者装好盲板。输送有害物质的管道的阀门应有人看守，或在醒目处设立禁止启动的标志。

5.2.8　当作业人员在密闭设备内作业时，一般应打开出入口的门或盖。如果设备与正在抽气或已经处于负压状态的管路相通时，严禁关闭出入口的门或盖。

5.2.9　在地下进行压气作业时，应防止缺氧空气泄至作业场所。如与作业场所相通的设施中存在缺氧空气，应直接排出，防止缺氧空气进入作业场所。

★　应开展的基础工作

（1）水利工程施工单位。

1）制定缺氧作业安全管理制度。

2）监督检查项目缺氧作业安全管理工作。

（2）水利工程施工项目。

1）项目技术负责人组织制定缺氧作业安全技术措施。

2）项目安全管理部门对作业人员进行安全技术措施和应急知识的教育。

3）作业前项目技术部门测定氧气浓度、有害气体的浓度。

4）作业场所的空气质量达到标准后方可作业。

5）作业人员配备符合安全要求的防护用品。

6）项目保存安全教育培训记录、缺氧作业空气质量测设记录。

●　违规行为标准条文

71. 未提供安全防护用具，或作业人员未按规定使用安全防护用具

◆　法律、法规、规范性文件和技术标准要求

《水利水电工程施工安全防护设施技术规范》（SL 714—2015）

3.12.1　施工生产使用的安全防护用品如安全帽、安全带、安全网等，应符合国家规定的质量标准，具有厂家安全生产许可证、产品合格证和安全鉴定合格证，否则不应采购、发放和使用。

3.12.2　安全防护用品应按规定要求正确使用，不应使用超过使用期限的安全防护用具；常用安全防护用具应经常检查和定期实验，其检查实验的要求和周期应符合有关规定。

《中华人民共和国劳动法》（主席令第 24 号）

第五十四条　用人单位必须为劳动者提供符合国家规定的劳动安全卫生条件和必要的劳动防护用品，对从事有职业危害作业的劳动者应当定期进行健康检查。

★　应开展的基础工作

（1）水利工程施工单位。

1）制定安全防护用品管理制度。

2）监督检查项目安全防护用品的配备使用工作。

（2）水利工程施工项目。

1）购置符合安全要求的防护用品，保存厂家安全生产许可证、产品合格证和安全鉴定合格证。

2）教育作业人员正确佩戴、使用防护用品，上岗作业前进行安全检查。

3）建立安全防护用品发放台账。

4）项目保存安全防护用品的“三证”、安全防护用品发放记录。

施工环境管理

● 违规行为标准条文

72. 施工现场的临边、洞、孔、井、坑、升降口、漏斗口等危险处无防护，或防护体刚度、强度不符合要求

◆ 法律、法规、规范性文件和技术标准要求

《中华人民共和国安全生产法》（主席令第13号）

第二十八条　生产经营单位新建、改建、扩建工程项目（以下统称建设项目）的安全设施，必须与主体工程同时设计、同时施工、同时投入生产和使用。安全设施投资应当纳入建设项目概算。

《水利工程建设安全生产管理规定》（水利部令第50号）

第十八条　施工单位主要负责人依法对本单位的安全生产工作全面负责。施工单位应当建立健全安全生产责任制度和安全生产教育培训制度，制定安全生产规章制度和操作规程，保证本单位建立和完善安全生产条件所需资金的投入，对所承担的水利工程进行定期和专项安全检查，并做好安全检查记录。施工单位的项目负责人应当由取得相应执业资格的人员担任，对水利工程建设项目的安全施工负责，落实安全生产责任制度、安全生产规章制度和操作规程，确保安全生产费用的有效使用，并根据工程的特点组织制定安全施工措施，消除安全事故隐患，及时、如实报告生产安全事故。

《水利水电工程施工通用安全技术规程》（SL 398—2007）

3.1.8　施工现场的井、洞、坑、沟、口等危险处应设置明显的警示标志，并应采取加盖板或设置围栏等防护措施。

《水利水电工程施工安全管理导则》（SL 721—2015）

10.2.2　施工单位应在施工现场的临边、洞（孔）、井、坑、升降口、漏斗口等危险处，设置围栏或盖板；在建（构）筑物、施工电梯出入口及物料提升机地面进料口，设置防护棚；在门槽、闸门井、电梯井等井道口（内）安装作业时，应设置可靠的水平安全网。

《水利水电施工企业安全生产标准化评审标准》（水利部办安监〔2018〕52号）

4.1.10　安全设施管理

建设项目安全设施必须执行“三同时”制度；临边、沟、坑、孔洞、交通梯道等危险部位的栏杆、盖板等设施齐全、牢固可靠；高处作业等危险作业部位按规定设置安全网等设施；施工通道稳固、畅通；垂直交叉作业等危险作业场所设置安全隔离棚；机械、传送装置等的转动部位安装可靠的防护栏、罩等安全防护设施；临水和水上作业有可靠的救生设施；暴雨、台风、暴风雪等极端天气前后组织有关人员对安全设施进行检查或重新验收。

★　应开展的基础工作

（1）临边、洞、孔、井、坑、升降口、漏斗口等危险处设置安全防护设施。

（2）安全防护设施应做到：“有边就有栏，有洞就有盖，交叉作业有隔离，安全通道有封闭，高处作业下方有安全网。”

（3）施工项目应建立安全防护设施台账，并对防护设施的维修、更换、拆除等情况进行登记。

（4）定期对安全防护设施的刚度、强度进行检查、检测，形成检查记录。

●　违规行为标准条文

73. 有毒有害物品贮存仓库与车间、办公室、居民住房等安全防护距离少于100m

◆　法律、法规、规范性文件和技术标准要求

《水利水电工程施工通用安全技术规程》（SL 398—2007）

11.3.1　有毒有害物品贮存，应遵守下列规定：

1　化学毒品库房设计除符合GBJ 16的规定外，还应符合下列要求：

1）化学毒品应贮存于专设的仓库内，库内严禁存放与其性能有抵触的物品。

2）库房墙壁应用防火防腐材料建筑；应有避雷接地设施，应有与毒品性质相适应的消防设施。

3）仓库应保持良好的通风，有足够的安全出口。

4）仓库内应备有防毒、消毒、人工呼吸设备和备有足够的个人防护用具。

5）仓库应与车间、办公室、居民住房等保持一定安全防护距离。安全防护距离应同当地公安局、劳动、环保等主管部门根据具体情况决定，但不宜少于100m。

《水利水电施工企业安全生产标准化评审标准》（水利部办安监〔2018〕52号）

4.3.4　施工布置应确保使用有毒、有害物品的作业场所与生活区、辅助生产区分开，作业场所不应住人；将有害作业与无害作业分开，高毒工作场所与其他工作场所隔离。

★ 应开展的基础工作

（1）施工项目根据涉及的有毒有害物品类别，认真学习相关标准规范，严格按要求设置有毒有害物品贮存仓库，禁止出现有毒有害仓库与车间、办公室、居民住房等安全防护距离小于100m的情况。

（2）施工项目必须加强对有毒有害物品的管理，尽量做到用多少买多少，随用随买，当天买当天用，减少储存环节。

（3）涉及有毒有害物品的施工项目应建立有毒有害物品台账，应有明确的有毒有害物品管理规定，并明确责任人。

● 违规行为标准条文

74. 施工生产作业区与建筑物之间的防火安全距离不满足规范规定，金属夹芯板材燃烧性能等级未达到A级

◆ 法律、法规、规范性文件和技术标准要求

《水利水电工程施工通用安全技术规程》（SL 398—2007）

3.5.11　施工生产作业区与建筑物之间的防火安全距离，应遵守下列规定：

1　用火作业区距所建的建筑物和其他区域不应小于25m。

2　仓库区、易燃、可燃材料堆集场距所建的建筑物和其他区域不应小于20m。

3　易燃品集中站距所建的建筑物和其他区域不应小于30m。

《建筑设计防火规范》（GB 50016—2014）

5.1.7　建筑中的非承重外墙、房间隔墙和屋面板，当确需采用金属夹芯板材时，其芯材应为不燃材料，且耐火极限应符合本规范有关规定。

《水利水电施工企业安全生产标准化评审标准》（水利部办安监〔2018〕52号）

4.2.7　消防安全管理

按照有关法律法规、技术标准做好消防安全管理。建立消防管理制度，建立健全消防安全组织机构，落实消防安全责任制，建立重点防火部位或场所档案；临建设施之间的安全距离、消防通道等均符合消防安全规定；仓库、宿舍、加工场地及重要设备配有足够的消防设施、器材，并建立台账；消防设施、器材应有防雨、防冻措施，并定期检验、维修，确保完好有效；严格执行动火审批制度；组织开展消防培训和演练。

★ 应开展的基础工作

（1）施工项目在建立施工生产作业区时，应保证与建筑物之间防火距离不少

于 25m。

（2）施工项目采用金属夹芯板材作为房屋材料时，所采用的金属夹芯板燃烧性能等级应达到 A 级。

● 违规行为标准条文

75. 加油站、油库与其他设施、建筑之间的防火安全距离小于 50m，周围未设置围挡或围挡高度低于 2.0m

◆ 法律、法规、规范性文件和技术标准要求

《水利水电工程施工安全防护设施技术规范》（SL 714—2015）

3.4.3　油库、加油站必须符合下列规定：

1　独立建筑，与其他建筑、设施之间的防火安全距离不应小于 50m。

2　加油站四周应设有不低于 2m 高的实体围墙，或金属网等非燃烧体栅栏。

★ 应开展的基础工作

（1）施工项目尽量避免设置油库或加油站。

（2）如必须在项目施工现场设置油库、加油站的，应严格按照有关规定进行设置，油库、加油站与其他建筑、设施之间的防火安全距离不应少于 50m。

（3）油库、加油站四周必须设置围挡，且围挡的高度不低于 2m。

● 违规行为标准条文

76. 在建工程（含脚手架）的外侧边缘、起重臂、钢丝绳、重物等与架空输电线路安全距离不符合规定

◆ 法律、法规、规范性文件和技术标准要求

《水利水电工程施工通用安全技术规程》（SL 398—2007）

4.1.5　在建工程（含脚手架）的外侧边缘与外电架空线路的边线之间应保持安全操作距离。最小安全操作距离应不小于表 4.1.5 的规定。

表 4.1.5　在建工程（含脚手架）的外侧边缘与外电架空线路边线之间的最小安全操作距离

外电线路电压（kV）	<1	1～10	35～110	154～220	330～500
最小安全操作距离（m）	4	6	8	10	15

注：上、下脚手架的斜道严禁搭设在有外电线路的一侧。

4.1.6　施工现场的机动车道与外电架空线路交叉时，架空线路的最低点与路面的垂直距离不应小于表4.1.6的规定。

表4.1.6　　施工现场的机动车道与外电架空线路交叉时的最小垂直距离

外电线路电压（kV）	<1	1～10	35
最小垂直距离（m）	6	7	7

4.1.7　机械如在高压线下进行工作或通过时，其最高点与高压线之间的最小垂直距离不应小于表4.1.7的规定。

表4.1.7　　机械最高点与高压线间的最小垂直距离

线路电压（kV）	<1	1～20	35～110	154	220	330
机械最高点与线路间的垂直距离（m）	1.5	2	4	5	6	7

4.1.8　旋转臂架式起重机的任何部位或被吊物边缘与10kV以下的架空线路边线最小水平距离不应小于2m。

《水利水电施工企业安全生产标准化评审标准》（水利部办安监〔2018〕52号）

4.2.3　施工用电管理

按照有关法律法规、技术标准做好施工用电管理。建立施工用电管理制度；按规定编制用电组织设计或制定安全用电和电气防火措施；外电线路及电气设备防护满足要求；配电系统、配电室、配电箱、配电线路等符合相关规定；自备电源与网供电源的联锁装置安全可靠；接地与防雷满足要求；电动工器具使用管理符合规定；照明满足安全要求；施工用电应经验收合格后投入使用，并定期组织检查。

4.2.15　临近带电体作业

按照有关法律法规、技术标准进行临近带电体作业。建立临近带电体作业安全管理制度；作业前编制专项施工方案或安全防护措施，向作业人员进行安全技术交底，并办理安全施工作业票，安排专人现场监护；电气作业人员应持证上岗并按操作规程作业；作业时施工人员、机械与带电线路和设备的距离应大于最小安全距离，并有防感应电措施；当小于最小安全距离时，应采取绝缘隔离的防护措施，并悬挂醒目的警告标志，当防护措施无法实现时，应采取停电等措施。

★　应开展的基础工作

（1）施工项目进行临近带电体作业前，应检查现场的安全距离，当达不到规定的最小距离时，应采取停电作业。

（2）不具备停电条件的，必须增设屏障、遮栏、围栏、保护网等安全防护措施，并悬挂醒目的警示标志牌。

（3）在建工程（含脚手架）的外侧边缘与外电架空线路的边线之间安全操作距离为：

1）外电线路电压小于1kV最小安全距离为4m。

2）外电线路电压1～10kV最小安全距离为6m。

3）外电线路电压35～110kV最小安全距离为8m。

4）外电线路电压154～220kV最小安全距离为10m。

5）外电线路电压大于330～500kV最小安全距离为15m。

（4）进行起重吊装作业时起重臂、钢丝绳、重物等与架空输电线路之间安全距离为：

1）外电线路电压小于10kV最小安全距离为2m。

2）外电线路电压35kV最小安全距离为3.5m。

3）外电线路电压110kV最小安全距离为4m。

4）外电线路电压220kV最小安全距离为6m。

5）外电线路电压大于500kV最小安全距离为8.5m。

● 违规行为标准条文

77. 电气设施、线路和外电未按规范要求采取防护措施

◆ 法律、法规、规范性文件和技术标准要求

《水利水电工程施工通用安全技术规程》（SL 398—2007）

4.1.10　对达不到4.1.5条、4.1.6条、4.1.7条规定的最小距离的部位，应采取停电作业或增设屏障、遮栏、围栏、保护网等安全防护措施，并悬挂醒目的警示标志牌。

4.2.1　施工现场专用的中性点直接接地的电力线路中应采用TN－S接零保护系统，并应遵守以下规定：

1　电气设备的金属外壳应与专用保护零线（简称保护零线）连接。保护零线应由工作接地线、配电室的零线或第一级漏电保护器电源侧的零线引出。

2　当施工现场与外电线路共用同一个供电系统时，电气设备应根据当地的要求作保护接零，或作保护接地。不得一部分设备作保护接零，另一部分设备作保护接地。

3　作防雷接地的电气设备，应同时作重复接地。同一台电气设备的重复接地与防雷接地使用同一接地体时，接地电阻应符合重复接地电阻值的要求。

4　在只允许作保护接地的系统中，因条件限制接地有困难时，应设置操作和维修电气装置的绝缘台。

5　施工现场的电力系统严禁利用大地作相线或零线。

6　保护零线不应装设开关或熔断器。保护零线应单独敷设，不作他用。重复接地线应与保护零线相接。

4.2.5　施工现场用电的接地与接零应符合以下要求：

1　保护零线除应在配电室或总配电箱处作重复接地外，还应在配电线路的中间处和末端处作重复接地。保护零线每一重复接地装置的接地电阻值应不大于10Ω。

2　每一接地装置的接地线应采用两根以上导体，在不同点与接地装置作电气连接。不应用铝导体作接地体或地下接地线。垂直接地体宜采用角钢、钢管或圆钢，不宜采用螺纹钢材。

3　电气设备应采用专用芯线作保护接零，此芯线严禁通过工作电流。

4　手持式用电设备的保护零线，应在绝缘良好的多股铜线橡皮电缆内。其截面不应小于1.5mm²，其芯线颜色为绿/黄双色。

5　Ⅰ类手持式用电设备的插销上应具备专用的保护接零（接地）触头。所用插头应能避免将导电触头误作接地触头使用。

6　施工现场所有用电设备，除作保护接零外，应在设备负荷线的首端处设置有可靠的电气连接。

4.4.5　电缆线路敷设，应遵守下列规定：

1　电缆干线应采用埋地或架空敷设，严禁沿地面明设，并应避免机械损伤和介质腐蚀。

2　电缆在室外直接埋地敷设的深度应不小于0.6m，并应在电缆上下各均匀铺设不小于50mm厚的细砂，然后覆盖砖等硬质保护层。

3　电缆穿越建筑物、构筑物、道路、易受机械损伤的场所及引出地面从2m高度至地下0.2m处，应加设防护套管。

4　埋地敷设电缆的接头应设在地面上的接线盒内，接线盒应能防水、防尘、防机械损伤并应远离易燃、易腐蚀场所。

5　橡皮电缆架空敷设时，应沿墙壁或电杆设置，并用绝缘子固定，严禁使用金属裸线作绑线。固定点间距应保证橡皮电缆能承受自重所带来的荷重。橡皮电缆的最大弧垂距地面不应小于2.5m。

6　电缆接头应牢固可靠，并应作绝缘包扎，保持绝缘强度，不应承受张力。

★ 应开展的基础工作

（1）项目施工临时用电采用TN－S系统，配电为“三级配电、两级保护”“一机一闸一漏一箱”，用电线路架空或入地，不应架空或入地的进行穿管保护。

（2）用电设备金属外壳与专用保护零线（PE线）连接，做接零保护。

（3）施工现场存在外电线路，且外电不具备停电条件应做隔离防护棚。

● 违规行为标准条文

78. 施工驻地设置在滑坡、泥石流、潮水、洪水、雪崩等危险区域；易燃易爆物品仓库或其他危险品仓库的布置以及与相邻建筑物的距离不符合规定，或消防设施配置不满足规定；办公区、生活区和生产作业区未分开设置或安全距离不足

◆ 法律、法规、规范性文件和技术标准要求

《水利水电工程施工安全防护设施技术规范》(SL 714—2015)

3.4.1 施工用各种库房、加工车间、临时宿舍及办公用房等临建设施，应布置在不受山洪、江洪、滑坡、塌方及危石等威胁的区域，基础坚固，稳定性好，周围排水畅通。

《水利水电工程施工通用安全技术规程》(SL 398—2007)

3.1.20 施工生产中使用明火和易燃物品时应做好相应防火措施。存放和使用易燃易爆物品的场所严禁明火和吸烟。

3.5.5 宿舍、办公室、休息室内严禁存放易燃易爆物品，未经许可不得使用电炉。利用电热的车间、办公室及住室，电热设施应有专人负责管理。

3.5.9 油料、炸药、木材等常用的易燃易爆危险品存放使用场所、仓库，应有严格的防火措施和相应的消防设施，严禁使用明火和吸烟。

《建设工程安全生产管理条例》(国务院令第 393 号)

第二十九条 施工单位应当将施工现场的办公、生活区与作业区分开设置，并保持安全距离；办公、生活区的选址应当符合安全性要求。

★ 应开展的基础工作

(1) 施工项目合理设置施工生产区、办公区、住宿区、仓库、机械停放区等，施工各项设施严禁设置在不安全的位置，避开滑坡、泥石流、潮水、洪水、雪崩等危险区域。

(2) 易燃易爆物品应建仓库单独存放，建立易燃易爆物品台账；制定消防安全措施，配备消防器材。易燃易爆物品仓库和相邻其他建筑物安全距离不小于 15m。

(3) 办公区、生活区、作业区分开设置，禁止在在建项目内办公、居住。办公区、生活区距离在建工程不少于 15m。

● 违规行为标准条文

79. 施工现场主要入口处未设置消防保卫、安全生产、文明施工等标识标牌，或设置不规范

◆ 法律、法规、规范性文件和技术标准要求

《水利水电工程土建施工安全技术规程》(SL 399—2007)

12.2.1 施工现场应实行封闭管理。在作业区域范围四周应设置高度不低 1.8m 的坚固、严密、整洁的围挡。围挡墙边严禁堆物。在建筑物外侧应采用密目式安全立网进行全封闭围护。

12.2.2 工地应设置固定的出入口，大门及门柱应美观、牢固，大门上应有企业标识。大门明显处应设置工程概况及管理人员名单和监督电话标牌。

12.2.3 施工大门内应有施工现场总平面图以及安全生产、消防保卫、环境保护、文明施工制度牌。

★ 应开展的基础工作

（1）施工现场在主要出入口设置工程概况牌、管理人员名单及监督电话牌、消防安全牌、安全生产牌、文明施工牌和施工现场总平面图。

（2）五牌一图，标牌规格统一、位置合理、字迹端正、线条清晰、表示明确，并固定在现场内主要进出口处。

● 违规行为标准条文

80. 未对存在粉尘、有害物质、噪声、高温等职业危害因素的场所和岗位制定专项防控措施

◆ 法律、法规、规范性文件和技术标准要求

《水利水电工程施工安全管理导则》（SL 721—2015）

12.1.2 施工单位对存在职业危害的场所应加强管理，并遵守下列规定：

1 指定专人负责职业健康的日常监测，维护监测系统处于正常运行状态。

2 对存在粉尘、有害物质、噪声、高温等职业危害因素的场所和岗位，应制定专项防控措施，并按规定进行专门管理和控制。

《水利水电施工企业安全生产标准化评审标准》（水利部办安监〔2018〕52号）

4.3.2 结合工程施工作业及其采用的工艺方法，按照有关规定开展职业危害因素辨识工作，并评估职业危害因素的种类、浓度、强度及其对人体危害的途径，策划并明确相应的控制措施。

★ 应开展的基础工作

（1）工程开工前，项目技术负责人组织进行职业危害因素辨识评价，确定重要（重大）职业危害因素并建立清单。

（2）项目技术部门针对存在职业危害因素的场所和岗位制定专项防控措施。

（3）组织对作业人员进行职业危害相关知识的培训。

（4）项目保存职业危害培训记录、职业危害因素辨识评价记录、重要（重大）职业危害因素清单。

（5）职业危害专项防控措施主要内容为：

1）施工生产基本情况。

2）施工生产职业危害因素的识别评价。

3）职业危害因素的监测。

4）施工生产存在的重大的职业危害因素。

5）各项职业危害因素防护措施。

● 违规行为标准条文

81. 各项临时设施、管道线路、排水系统、堆场（大宗材料、成品、半成品、渣土等），停放施工机具、设备，侵占场内道路及安全防护等设施

◆ 法律、法规、规范性文件和技术标准要求

《水利水电工程施工安全管理导则》（SL 721—2015）

10.1.10　施工单位应按照施工总平面布置图设置各项临时设施、管道线路、排水系统、堆场（大宗材料、成品、半成品、渣土等），停放施工机具、设备，不得侵占场内道路及安全防护等设施。

★ 应开展的基础工作

（1）项目合理规划施工现场区域。

（2）各项临时设施、管道线路、排水系统、堆场、机具、设备停放，禁止侵占场内道路及安全防护等设施。

● 违规行为标准条文

82. 不具备法律、行政法规和国家标准、行业标准规定的安全生产条件，经责令停产停业整顿仍不具备安全生产条件

◆ 法律、法规、规范性文件和技术标准要求

《中华人民共和国安全生产法》（主席令第 13 号）

第一百零八条　生产经营单位不具备本法和其他有关法律、行政法规和国家标准或者行业标准规定的安全生产条件，经停产停业整顿仍不具备安全生产条件的，予以关闭；有关部门应当依法吊销其有关证照。

《安全生产违法行为行政处罚办法》（国家安全生产监督管理总局令第 15 号）

第四十八条　生产经营单位不具备法律、行政法规和国家标准、行业标准规定的安全

生产条件，经责令停产停业整顿仍不具备安全生产条件的，安全监管监察部门应当提请有管辖权的人民政府予以关闭；人民政府决定关闭的，安全监管监察部门应当依法吊销其有关许可证。

★ 应开展的基础工作

无

危险源、隐患及事故处理

● 违规行为标准条文

83. 未按规定开展重大危险源辨识和管控

◆ 法律、法规、规范性文件和技术标准要求

《中华人民共和国安全生产法》(主席令第13号)

第三十七条　生产经营单位对重大危险源应当登记建档，进行定期检测、评估、监控，并制订应急预案，告知从业人员和相关人员在紧急情况下应当采取的应急措施。

生产经营单位应当按照国家有关规定将本单位重大危险源及有关安全措施、应急措施报有关地方人民政府安全生产监督管理部门和有关部门备案。

《水利水电工程施工危险源辨识与风险评价导则（试行）》（水利部办监督函〔2018〕1693号)

1.9　各单位应对危险源进行登记，其中重大危险源和风险等级为重大的一般危险源应建立专项档案，明确管理的责任部门和责任人。重大危险源应按有关规定报项目主管部门和有关部门备案。

3.4　危险源辨识应先采用直接判定法，不能用直接判定法辨识的，可采用其他方法进行判定。当本工程区域内出现符合《水利水电工程施工重大危险源清单》（附件2）中的任何一条要素的，可直接判定为重大危险源。

《水利部关于开展水利安全风险分级管控的指导意见》(水利部水监督〔2018〕323号)

二、着力构建水利生产经营单位安全风险管控机制

（三）分级实施风险管控。水利生产经营单位要按安全风险等级实行分级管理，落实各级单位、部门、车间（施工项目部）、班组（施工现场）、岗位（各工序施工作业面）的管控责任。各管控责任单位要根据危险源辨识和风险评价结果，针对安全风险的特点，通过隔离危险源、采取技术手段、实施个体防护、设置监控设施和安全警示标志等措施，达到监测、规避、降低和控制风险的目的。要强化对重大安全风险的重点管控，风险等级为重大的一般危险源和重大危险源要按照职责范围报属地水行政主管部门备案，危险物品重大危险源要按照规定同时报有关应急管理部门备案。

（四）动态进行风险管控。水利生产经营单位要高度关注危险源风险的变化情况，动

态调整危险源、风险等级和管控措施，确保安全风险始终处于受控范围内。要建立专项档案，按照有关规定定期对安全防范设施和安全监测监控系统进行检测、检验，组织进行经常性维护、保养并做好记录。要针对本单位风险可能引发的事故完善应急预案体系，明确应急措施，对风险等级为重大的一般危险源和重大危险源要实现“一源一案”。要保障监测管控投入，确保所需人员、经费与设施设备满足需要。

三、健全水行政主管部门安全风险监管机制

（一）分级分类实施监管。水利安全风险实行分级监管。水利部指导水利行业安全风险管控工作，负责对直属单位、水利工程安全风险管控工作进行监督检查。县级以上地方人民政府水行政主管部门指导本地区的水利安全风险管控工作，负责对直属单位、水利工程安全风险管控工作进行监督检查。各级水行政主管部门应根据所属单位、水利工程的风险情况，确定不同的监督检查频次、重点内容等，实行差异化、精准化动态监管。对备案的风险等级为重大的一般危险源和重大危险源，要明确监管责任，制定监管措施，督促指导水利生产经营单位强化管控；对未有效实施监测和控制的风险等级为重大的一般危险源和重大危险源，应作为重大隐患挂牌督办。对安全风险管控不力的水利生产经营单位、水行政主管部门，要视情况实行严肃问责，违法的要严格依法查处。

《水利水电工程施工安全管理导则》（SL 721—2015）

11.3.1　水利水电施工的重大危险源应主要下列几方面考虑：

1　高边坡作业：

1）土方边坡高度大于30m或地质缺陷部位的开挖作业；

2）石方边坡高度大于50m或滑坡地段的开挖作业。

2　深基坑工程：

1）开挖深度超过3m（含）的深基坑作业；

2）开挖深度虽未超过3m，但地质条件、周围环境和地下管线复杂，或影响毗邻建筑（构筑）物安全的深基坑作业。

3　洞挖工程：

1）断面大于20m^{2}或单洞长度大于50m以及地质缺陷部位开挖；

2）不能及时支护的部位；地应力大于20MPa或大于岩石强度的1/5或埋深大于500m部位的作业；

3）洞室临近相互贯通时的作业；当某一工作面爆破作业时，相邻洞室的施工作业。

4　模板工程及支撑体系：

1）工具式模板工程：包括滑模、爬模、飞模工程；

2）混凝土模板支撑工程：搭设高度5m及以上；搭设跨度10m及以上；施工总荷载10kN/m^{2}及以上；集中线荷载15kN/m及以上；

3）承重支撑体系：用于钢结构安装等满堂支撑体系。

5　起重吊装及安装拆卸工程：

1）采用非常规起重设备、方法，且单件起吊重量在10kN及以上的起重吊装工程；

2）采用起重机械进行安装的工程；

3）起重机械设备自身的安装、拆卸作业。

6　脚手架工程：

1）搭设高度 24m 上落地式钢管脚手架工程；

2）附着式整体和分片提升脚手架工程；

3）悬挑式脚手架工程；

4）吊篮脚手架工程；

5）自制卸料平台、移动操作平台工程；

6）新型及异型脚手架工程。

7　拆除、爆破工程：

1）围堰拆除作业；爆破拆除作业；

2）可能影响行人、交通、电力设施、通信设施或其他建、构筑物安全的拆除作业；

3）文物保护建筑、优秀历史建筑或历史文化风貌区控制范围的拆除作业。

8　储存、生产和供给易燃易爆、危险品的设施、设备及易燃易爆、危险品的储运，主要分布于工程项目的施工场所：

1）油库（储量：汽油≥20t；柴油≥50t）；

2）炸药库（储量：炸药 1t）；

3）压力容器（P_{max}≥0.1MPa 和 V≥100m^3）；

4）锅炉（额定蒸发量≥1.0t/h 及以上）；

5）重件、超大件运输。

9　人员集中区域及突发事件：

1）重大聚会、人员集中区域（场所、设施）的活动；

2）可能发生火灾事故的居住区、办公区、重要设施、重要场所的火灾事件。

10　其他：

1）开挖深度超过 16m 的人工挖孔桩工程；

2）地下暗挖、顶管作业、水下作业工程及存在上下交叉的作业；

3）截流工程、围堰工程；

4）变电站、变压器；

5）采用新技术、新工艺、新材料、新设备及尚无相关技术标准的危险性较大的专项工程；

6）其他特殊情况下可能造成生产安全事故的作业活动、大型设备、设施和场所等。

11.3.4　施工单位应在开工前，对施工现场危险设施或场所组织进行重大危险源辨识，并将辨识成果及时报监理单位和项目法人。

《水利水电施工企业安全生产标准化评审标准》（水利部办安监〔2018〕52 号）

5.2.2　开工前，进行重大危险源辨识、评估，确定危险等级，并将辨识、评估成果及时报监理单位和项目法人。

5.2.3　针对重大危险源制定防控措施，明确责任部门和责任人，并登记建档。

5.2.9　按规定将重大危险源向主管部门备案。

★　应开展的基础工作

（1）施工单位应在项目开工前，组织进行全面的危险源辨识和风险等级评价，将辨识评价结果报送项目法人和监理单位。

（2）施工项目应将辨识出的重大危险源进行登记实施动态管理，形成重大危险源台账，并建立专项档案。

（3）施工项目应制定重大危险源的管控措施，实行分级管控，明确各级责任人。

（4）施工项目应制定重大危险源事故应急预案。

（5）施工项目应按批准的重大危险源管控措施进行管控，实施动态管理，并对作业人员进行培训告知。

（6）重大危险源进行备案。

●　违规行为标准条文

84. 未按要求在危险部位、危险岗位、设施设备设置安全警示标示

◆　法律、法规、规范性文件和技术标准要求

《中华人民共和国安全生产法》（主席令第13号）

第三十二条　生产经营单位应当在有较大危险因素的生产经营场所和有关设施、设备上，设置明显的安全警示标志。

《水利部关于开展水利安全风险分级管控的指导意见》（水利部水监督〔2018〕323号）

二、着力构建水利生产经营单位安全风险管控机制

（五）强化风险公告警示。水利生产经营单位要建立安全风险公告制度，定期组织风险教育和技能培训，确保本单位从业人员和进入风险工作区域的外来人员掌握安全风险的基本情况及防范、应急措施。要在醒目位置和重点区域分别设置安全风险公告栏，制作岗位安全风险告知卡，标明工程或单位的主要安全风险名称、等级、所在工程部位、可能引发的事故隐患类别、事故后果、管控措施、应急措施及报告方式等内容。对存在重大安全风险的工作场所和岗位，要设置明显警示标志，并强化监测和预警。要将安全防范与应急措施告知可能直接影响范围内的相关单位和人员。

《水利水电工程施工安全管理导则》（SL 721—2015）

10.1.5　施工单位应在施工现场入口处、施工起重机械、临时用电设施、脚手架、出入通道口、楼梯口、电梯井口、孔洞口、桥梁口、隧道口、基坑边缘、爆破物及有害危险气体和液体存放处等危险部位，设置明显的安全警示标志。安全警示标志必须

符合国家标准。

《水利水电施工企业安全生产标准化评审标准》（水利部办安监〔2018〕52号）

4.4.2　按照规定和场所的安全风险特点，在有重大危险源、较大危险因素和严重职业病危害因素的场所（包括施工起重机械、临时供用电设施、脚手架、出入通道口、楼梯口、电梯井口、孔洞口、桥梁口、隧道口、陡坡边缘、变压器配电房、爆破物品库、油品库、危险有害气体和液体存放处等）及危险作业现场（包括爆破作业、大型设备设施安装或拆除作业、起重吊装作业、高处作业、水上作业、设备设施维修作业等），应设置明显的安全警示标志和职业病危害警示标识，告知危险的种类、后果及应急措施等，危险处所夜间应设红灯示警；在危险作业现场设置警戒区、安全隔离设施，并安排专人现场监护。

5.2.6　在重大危险源现场设置明显的安全警示标志和警示牌。警示牌内容应包括危险源名称、地点、责任人员、可能的事故类型、控制措施等。

《建筑施工安全检查标准》（JGJ 59—2011）

3.1.4　安全管理一般项目的检查评定应符合下列规定：

4　安全标志

1）施工现场入口处及主要施工区域、危险部位应设置相应的安全警示标志牌；

2）施工现场应绘制安全标志布置图；

3）应根据工程部位和现场设施的变化，调整安全标志牌设置；

4）施工现场应设置重大危险源公示牌。

★ 应开展的基础工作

（1）施工现场的危险部位、危险岗位、设施设备应根据存在的风险设置符合国家标准的安全警示标志。

（2）施工项目设置的安全警示标志应建立警示标志台账或清单。

（3）施工项目应定期对警示标志进行检查，发现损毁破坏等及时维修、更换，检查维护情况应及时登记形成记录。

● 违规行为标准条文

85. 未按规定组织安全生产检查

◆ 法律、法规、规范性文件和技术标准要求

《中华人民共和国安全生产法》（主席令第13号）

第十八条　生产经营单位的主要负责人对本单位安全生产工作负有下列职责：

（五）督促、检查本单位的安全生产工作，及时消除生产安全事故隐患。

第四十三条　生产经营单位的安全生产管理人员应当根据本单位的生产经营特点，对安全生产状况进行经常性检查；对检查中发现的安全问题，应当立即处理；不能处理的，应当及时报告本单位有关负责人，有关负责人应当及时处理。检查及处理情况应当如实记录在案。

生产经营单位的安全生产管理人员在检查中发现重大事故隐患，依照前款规定向本单位有关负责人报告，有关负责人不及时处理的，安全生产管理人员可以向主管的负有安全生产监督管理职责的部门报告，接到报告的部门应当依法及时处理。

《安全生产事故隐患排查治理暂行规定》（国家安全生产监督管理总局令第16号）

第四条　生产经营单位应当建立健全事故隐患排查治理制度。

生产经营单位主要负责人对本单位事故隐患排查治理工作全面负责。

第八条　生产经营单位是事故隐患排查、治理和防控的责任主体。

生产经营单位应当建立健全事故隐患排查治理和建档监控等制度，逐级建立并落实从主要负责人到每个从业人员的隐患排查治理和监控责任制。

第十条　生产经营单位应当定期组织安全生产管理人员、工程技术人员和其他相关人员排查本单位的事故隐患。对排查出的事故隐患，应当按照事故隐患的等级进行登记，建立事故隐患信息档案，并按照职责分工实施监控治理。

《水利水电工程施工安全管理导则》（SL 721—2015）

11.1.3　各参建单位应当根据事故隐患排查制度开展事故隐患排查，排查前应制定排查方案，明确排查的目的、范围和方法。

各参建单位应采用定期综合检查、专项检查、季节性检查、节假日检查和日常检查等方式，开展隐患排查。

对排查出的事故隐患，组织单位应及时书面通知有关单位，定人、定时、定措施进行整改，并按照事故隐患的等级建立事故隐患信息台账。

11.1.4　项目法人至少每季度组织一次安全生产综合检查，施工单位至少每两月自行组织一次安全生产综合检查。

《水利水电施工企业安全生产标准化评审标准》（水利部办安监〔2018〕52号）

5.3.2　根据事故隐患排查制度开展事故隐患排查，排查前应制定排查方案，明确排查的目的、范围和方法；排查方式主要包括定期综合检查、专项检查、季节性检查、节假日检查和日常检查等；对排查出的事故隐患，应及时书面通知有关责任部门，定人、定时、定措施进行整改，并按照事故隐患的等级建立事故隐患信息台账。相关方排查出的隐患统一纳入本单位隐患管理。至少每两月自行组织一次安全生产综合检查。

★　应开展的基础工作

（1）施工项目应结合项目施工情况，合理制订安全生产检查计划，适时开展各类安全检查，排查事故隐患。安全检查可分为：综合检查、专项检查、季节性检查、节假日检查和日常检查。

(2) 施工项目应在安全检查前编制检查方案，明确检查的范围、内容、时间以及参加人员等内容。

(3) 各项安全检查应有检查记录。

● 违规行为标准条文

86. 安全监测发现重大异常，影响工程安全，未按规定及时报告

◆ 法律、法规、规范性文件和技术标准要求

《水利部关于开展水利安全风险分级管控的指导意见》(水利部水监督〔2018〕323号)

二、着力构建水利生产经营单位安全风险管控机制

(四) 动态进行风险管控。水利生产经营单位要高度关注危险源风险的变化情况，动态调整危险源、风险等级和管控措施，确保安全风险始终处于受控范围内。要建立专项档案，按照有关规定定期对安全防范设施和安全监测监控系统进行检测、检验，组织进行经常性维护、保养并做好记录。要针对本单位风险可能引发的事故完善应急预案体系，明确应急措施，对风险等级为重大的一般危险源和重大危险源要实现“一源一案”。要保障监测管控投入，确保所需人员、经费与设施设备满足需要。

《水利水电工程施工安全管理导则》(SL 721—2015)

10.3.8　洞室作业前，应清除洞口、边坡上的浮石、危石及倒悬石，设置截、排水沟，并按设计要求及时支护。

Ⅲ、Ⅳ类围岩开挖时，须对洞口进行加固，并设置防护棚；洞挖掘进长度达到15～20m时，应依据地质条件、断面尺寸，及时做好洞口段永久性或临时性支护；当洞深长度大于洞径3～5倍时，应强制通风；交叉洞室在贯通前应优先安排锁口锚杆的施工。

施工过程中应按要求布置安全监测系统，及时进行监测、分析、反馈监测资料，并按规定进行巡视检查。

11.4.2　施工单位应按照国家有关规定，定期对重大危险源的安全设施和安全监测监控系统进行检测、检验，并进行经常性维护、保养，保证安全设施和安全监测监控系统有效、可靠运行。维护、保养、检测应当做好记录，并由有关人员签字。

11.4.4　项目法人、施工单位应对重大危险源的管理人员进行培训，使其了解重大危险源的危险特性，熟悉重大危险源安全管理规章制度，掌握安全设施和安全监测监控系统检测、检验技能和应急措施。

《水利水电施工企业安全生产标准化评审标准》(水利部办安监〔2018〕52号)

5.2.4　按照国家有关规定，定期对重大危险源的安全设施和安全监测监控系统进行检测、检验，并进行经常性维护、保养，保证安全设施和安全监测监控系统有效、可靠运行。维护、保养、检测应当做好记录，并由有关人员签字。

★ 应开展的基础工作

（1）施工项目应根据重大危险源的防控措施需要，设置安全监测监控系统。

（2）安全监测、监控系统应定期进行检测、检验，并进行经常性维护、保养，有关人员应做好相关记录。

（3）重大危险源的管理人员应接受相应的安全培训，了解重大危险源的危险特性防控要点，掌握安全设施和安全监测监控系统的相关知识。

（4）当安全监测发现问题或重大异常时，监测人员应立即上报主管部门或有关单位，不应延误。

● 违规行为标准条文

87. 发现重大事故隐患，未及时报告

◆ 法律、法规、规范性文件和技术标准要求

《中华人民共和国安全生产法》（主席令第 13 号）

第三十八条　生产经营单位应当建立健全生产安全事故隐患排查治理制度，采取技术、管理措施，及时发现并消除事故隐患。事故隐患排查治理情况应当如实记录，并向从业人员通报。

县级以上地方各级人民政府负有安全生产监督管理职责的部门应当建立健全重大事故隐患治理督办制度，督促生产经营单位消除重大事故隐患。

第四十三条　生产经营单位的安全生产管理人员应当根据本单位的生产经营特点，对安全生产状况进行经常性检查；对检查中发现的安全问题，应当立即处理；不能处理的，应当及时报告本单位有关负责人，有关负责人应当及时处理。检查及处理情况应当如实记录在案。

生产经营单位的安全生产管理人员在检查中发现重大事故隐患，依照前款规定向本单位有关负责人报告，有关负责人不及时处理的，安全生产管理人员可以向主管的负有安全生产监督管理职责的部门报告，接到报告的部门应当依法及时处理。

第五十六条　从业人员发现事故隐患或者其他不安全因素，应当立即向现场安全生产管理人员或者本单位负责人报告；接到报告的人员应当及时予以处理。

《水利水电工程施工安全管理导则》（SL 721—2015）

11.1.3　各参建单位应当根据事故隐患排查制度开展事故隐患排查，排查前应制定排查方案，明确排查的目的、范围和方法。

各参建单位应采用定期综合检查、专项检查、季节性检查、节假日检查和日常检查等方式，开展隐患排查。

对排查出的事故隐患，组织单位应及时书面通知有关单位，定人、定时、定措施进行整改，并按照事故隐患的等级建立事故隐患信息台账。

11.1.6　对于重大事故隐患，应及时向主管部门、安全监管部门及有关部门报告。重大事故隐患报告应包括下列内容：

1　隐患的现状及其产生原因。

2　隐患的危害程度和整改难易程度分析。

3　隐患的治理方案。

《水利水电施工企业安全生产标准化评审标准》(水利部办安监〔2018〕52号)

5.3.2　根据事故隐患排查制度开展事故隐患排查，排查前应制定排查方案，明确排查的目的、范围和方法；排查方式主要包括定期综合检查、专项检查、季节性检查、节假日检查和日常检查等；对排查出的事故隐患，应及时书面通知有关责任部门，定人、定时、定措施进行整改，并按照事故隐患的等级建立事故隐患信息台账。相关方排查出的隐患统一纳入本单位隐患管理。至少每两月自行组织一次安全生产综合检查。

★　应开展的基础工作

(1) 施工项目应按要求组织各类安全检查和隐患排查，将发现的问题或排查出的隐患进行登记形成隐患排查清单，并判定出隐患的等级（一般事故隐患和重大事故隐患），安全检查、隐患排查应填写相关记录并保留。

(2) 发现的重大事故隐患应及时报告主管部门、安全监管部门等有关部门。

(3) 重大事故隐患应形成报告进行报送。报告的内容包括：隐患的现状及其产生原因、隐患的危害程度和整改难易程度分析、隐患的治理方案等。

●　违规行为标准条文

88. 重大事故隐患未处置或处置不当

◆　法律、法规、规范性文件和技术标准要求

《安全生产事故隐患排查治理暂行规定》(国家安全生产监督管理总局令第16号)

第十条　生产经营单位应当定期组织安全生产管理人员、工程技术人员和其他相关人员排查本单位的事故隐患。对排查出的事故隐患，应当按照事故隐患的等级进行登记，建立事故隐患信息档案，并按照职责分工实施监控治理。

第十五条　对于一般事故隐患，由生产经营单位（车间、分厂、区队等）负责人或者有关人员立即组织整改。

对于重大事故隐患，由生产经营单位主要负责人组织制定并实施事故隐患治理方案。重大事故隐患治理方案应当包括以下内容：

（一）治理的目标和任务；

（二）采取的方法和措施；

（三）经费和物资的落实；

（四）负责治理的机构和人员；

（五）治理的时限和要求；

（六）安全措施和应急预案。

第二十六条　生产经营单位违反本规定，有下列行为之一的，由安全监管监察部门给予警告，并处三万元以下的罚款：

（一）未建立安全生产事故隐患排查治理等各项制度的；

（二）未按规定上报事故隐患排查治理统计分析表的；

（三）未制定事故隐患治理方案的；

（四）重大事故隐患不报或者未及时报告的；

（五）未对事故隐患进行排查治理擅自生产经营的；

（六）整改不合格或者未经安全监管监察部门审查同意擅自恢复生产经营的。

《水利水电工程施工安全管理导则》（SL 721—2015）

11.2.1　各参建单位应建立健全事故隐患治理和建档监控等制度，逐级建立并落实隐患治理和监控责任制。

11.2.3　重大事故隐患治理方案应由施工单位主要负责人组织制订，经监理单位审核，报项目法人同意后实施。项目法人应将重大事故隐患治理方案报项目主管部门和安全监督机构备案。

11.2.4　重大事故隐患治理方案应包括下列内容：

1　重大事故隐患描述。

2　治理的目标和任务。

3　采取的方法和措施。

4　经费和物资的落实。

5　负责治理的机构和人员。

6　治理的时限和要求。

7　安全措施和应急预案等。

11.2.5　责任单位在事故隐患治理过程中，应采取相应的安全防范措施，防止事故发生。

事故隐患排除前或者排除过程中无法保证安全的，应从危险区域内撤出作业人员，并疏散可能危及的其他人员，设置警戒标志，暂时停止施工或者停止使用。

对暂时难以停止施工或者停止使用的储存装置、设施、设备，应当加强维护和保养，防止事故发生。

11.2.6　事故隐患治理完成后，项目法人应组织对重大事故隐患治理情进行验证和效果评估，并签署意见，报项目主管部门和安全监督机构备案；隐患排查组织单位负责对一般安全隐患治理情况进行复查，并在隐患整改通知单上签署明确意见。

11.2.9　地方人民政府或有关部门挂牌督办并责令全部或者局部停止施工的重大事故隐患，治理工作结束后，责任单位应组织本单位的技术人员和专家对重大事故隐患的治理情况进行评估。

经治理后符合安全生产条件的，项目法人应向有关部门提出恢复施工的书面申请，经审查同意后，方可恢复施工。申请报告应当包括治理方案的内容、效果和评估意见等。

《水利水电施工企业安全生产标准化评审标准》(水利部办安监〔2018〕52号)

5.3.4　单位主要负责人组织制定重大事故隐患治理方案，经监理单位审核，报项目法人同意后实施。治理方案应包括下列内容：重大事故隐患描述；治理的目标和任务；采取的方法和措施；经费和物资的落实；负责治理的机构和人员；治理的时限和要求；安全措施和应急预案等。

5.3.5　建立事故隐患治理和建档监控制度，逐级建立并落实隐患治理和监控责任制。

5.3.7　事故隐患整改到位前，应采取相应的安全防范措施，防止事故发生。

5.3.8　重大事故隐患治理完成后，对治理情况进行验证和效果评估，经监理单位审核，报项目法人。一般事故隐患治理完成后，对治理情况进行复查，并在隐患整改通知单上签署明确意见。

5.3.10　地方人民政府或有关部门挂牌督办并责令全部或者局部停止施工的重大事故隐患，治理工作结束后，应组织本单位的技术人员和专家对治理情况进行评估。经治理后符合安全生产条件的，由项目法人向有关部门提出恢复施工的书面申请，经审查同意后，方可恢复施工。

★　应开展的基础工作

(1) 重大事故隐患治理应由项目负责人组织制定并实施重大事故隐患治理方案。

(2) 重大事故隐患治理方案的编制必须包括上述法规、标准规范中规定的内容。

(3) 重大事故隐患治理应做到责任、措施、资金、时限和预案“五落实”，并严格落实“分级负责、领导督办、跟踪问效、治理销号”的工作要求。

(4) 重大事故隐患治理过程中应采取相应的安全措施，防止事故发生。

●　违规行为标准条文

89. 发生生产安全事故，迟报、漏报、谎报或瞒报

◆　法律、法规、规范性文件和技术标准要求

《中华人民共和国安全生产法》(主席令第13号)

第十八条　生产经营单位的主要负责人对本单位安全生产工作负有下列职责：

(七) 及时、如实报告生产安全事故。

第八十条 生产经营单位发生生产安全事故后，事故现场有关人员应当立即报告本单位负责人。

单位负责人接到事故报告后，应当迅速采取有效措施，组织抢救，防止事故扩大，减少人员伤亡和财产损失，并按照国家有关规定立即如实报告当地负有安全生产监督管理职责的部门，不得隐瞒不报、谎报或者迟报，不得故意破坏事故现场、毁灭有关证据。

建设工程安全生产管理条例（国务院令第393号）

第五十条 施工单位发生生产安全事故，应当按照国家有关伤亡事故报告和调查处理的规定，及时、如实地向负责安全生产监督管理的部门、建设行政主管部门或者其他有关部门报告；特种设备发生事故的，还应当同时向特种设备安全监督管理部门报告。接到报告的部门应当按照国家有关规定，如实上报。实行施工总承包的建设工程，由总承包单位负责上报事故。

《生产安全事故报告和调查处理条例》（国务院令第493号）

第四条 事故报告应当及时、准确、完整，任何单位和个人对事故不得迟报、漏报、谎报或者瞒报。

事故调查处理应当坚持实事求是、尊重科学的原则，及时、准确地查清事故经过、事故原因和事故损失，查明事故性质，认定事故责任，总结事故教训，提出整改措施，并对事故责任者依法追究责任。

第九条 事故发生后，事故现场有关人员应当立即向本单位负责人报告；单位负责人接到报告后，应当于1小时内向事故发生地县级以上人民政府安全生产监督管理部门和负有安全生产监督管理职责的有关部门报告。

情况紧急时，事故现场有关人员可以直接向事故发生地县级以上人民政府安全生产监督管理部门和负有安全生产监督管理职责的有关部门报告。

第十三条 事故报告后出现新情况的，应当及时补报。

自事故发生之日起30日内，事故造成的伤亡人数发生变化的，应当及时补报。道路交通事故、火灾事故自发生之日起7日内，事故造成的伤亡人数发生变化的，应当及时补报。

第三十五条 事故发生单位主要负责人有下列行为之一的，处上一年年收入40%至80%的罚款；属于国家工作人员的，并依法给予处分；构成犯罪的，依法追究刑事责任：

（二）迟报或者漏报事故的。

第三十六条 事故发生单位及其有关人员有下列行为之一的，对事故发生单位处100万元以上500万元以下的罚款；对主要负责人、直接负责的主管人员和其他直接责任人员处上一年年收入60%至100%的罚款；属于国家工作人员的，并依法给予处分；构成违反治安管理行为的，由公安机关依法给予治安管理处罚；构成犯罪的，依法追究刑事责任：

（一）谎报或者瞒报事故的。

《水利水电工程施工安全管理导则》（SL 721—2015）

13.2.1 发生生产安全事故后，事故现场有关人员应立即报告本单位负责人和项目法人。

事故单位负责人接到事故报告后，应在1h之内向项目主管部门、安全监督机构、事故发生地县级以上人民政府安全监督管理部门和有关部门报告；特种设备发生事故，应同时向特种设备安全监督管理部门报告；情况紧急时，事故现场有关人员可直接向事故发生地县级以上水行政主管部门或安全生产监督机构报告。报告的方式可先采用电话口头报告，随后递交正式书面报告。

生产安全事故报告后出现新情况的，应及时补报。

13.2.2　生产安全事故报告应包括下列内容：

1　发生事故的工程名称、地点、建设规模和工期，事故发生的时间、地点、简要经过、事故类别、人员伤亡及直接经济损失初步估算。

2　有关项目法人、施工单位、监理单位、主管部门名称及负责人联系电话，施工、监理等单位的名称、资质等级。

3　事故报告的单位、报告签发人及报告时间和联系电话等。

4　事故发生的初步原因。

5　事故发生后采取的应急处置措施及事故控制情况。

6　其他需要报告的有关事项等。

《水利水电施工企业安全生产标准化评审标准》（水利部办安监〔2018〕52号）

7.1.2　发生事故后按照有关规定及时、准确、完整地向有关部门报告，事故报告后出现新情况时，应当及时补报。

★　应开展的基础工作

（1）严格按上述法律、法规、标准规范的要求立即报送，不应超过规定时限要求。

（2）向上级报送事故情况时要简明扼要，将需要说明的各项内容有条理的逐一说明。

（3）事故现场有关人员应立即向本单位负责人和项目法人报告。

（4）生产安全事故报告后出现新情况的，应及时补报。

（5）编制生产安全事故报告，对事故进行统计，建立事故档案。

第七章 防洪度汛与应急管理

● 违规行为标准条文

90. 未编制度汛方案，或度汛方案存在重大缺陷

◆ 法律、法规、规范性文件和技术标准要求

《水利工程建设安全生产管理规定》(水利部令第50号)

第二十一条　施工单位在建设有度汛要求的水利工程时，应当根据项目法人编制的工程度汛方案、措施制定相应的度汛方案，报项目法人批准；涉及防汛调度或者影响其他工程、设施度汛安全的，由项目法人报有管辖权的防汛指挥机构批准。

《水利水电工程施工安全管理导则》(SL 721—2015)

7.5.2　度汛方案应包括防汛度汛指挥机构设置、度汛工程形象、汛期施工情况、防汛度汛工作重点，人员、设备、物资准备和安全度汛措施，以及雨情、水情、汛情的获取方式和通信保障方式等内容。防汛度汛指挥机构由项目法人、监理单位、施工单位、设计单位主要负责人组成。

7.5.5　施工单位应根据批准的度汛方案和超标准洪水应急预案，制订防汛度汛及抢险措施，报项目法人批准，并按批准的措施落实防汛抢险队伍和防汛器材、设备等物资准备工作，做好汛期值班，保证汛情、工情、险情信息渠道畅通。

《水利水电施工企业安全生产标准化评审标准》(水利部办安监〔2018〕52号)

4.2.5　防洪度汛管理

按照有关法律法规、技术标准做好防洪度汛管理。有防洪度汛要求的工程应编制防洪度汛方案和超标准洪水应急预案；成立防洪度汛的组织机构和防洪度汛抢险队伍，配置足够的防洪度汛物资，并组织演练；施工进度应满足安全度汛要求；施工围堰、导流明渠、涵管及隧洞等导流建筑物应满足安全要求；开展防洪度汛专项检查；建立畅通的水文气象信息渠道；做好汛期值班。

★ 应开展的基础工作

(1) 施工项目应编制防洪度汛方案，并报项目法人批准。

(2) 度汛方案的内容包括：防汛度汛指挥机构设置、度汛工程形象、汛期施工情况、防汛度汛工作重点，人员、设备、物资准备和安全度汛措施，以及雨情、水清、汛情的获取方式和通信保障方式等内容。

● 违规行为标准条文

91. 未制定超标准洪水、水上水下作业、重大危险源、重大事故隐患、危险化学品、消防、脚手架、施工临时用电、地下工程、液氨制冷、职业病危害等专项应急预案和现场处置方案

◆ 法律、法规、规范性文件和技术标准要求

《水利部关于开展水利安全风险分级管控的指导意见》(水利部水监督〔2018〕323号)

二、着力构建水利生产经营单位安全风险管控机制

(四) 动态进行风险管控。水利生产经营单位要高度关注危险源风险的变化情况，动态调整危险源、风险等级和管控措施，确保安全风险始终处于受控范围内。要建立专项档案，按照有关规定定期对安全防范设施和安全监测监控系统进行检测、检验，组织进行经常性维护、保养并做好记录。要针对本单位风险可能引发的事故完善应急预案体系，明确应急措施，对风险等级为重大的一般危险源和重大危险源要实现“一源一案”。要保障监测管控投入，确保所需人员、经费与设施设备满足需要。

《水利水电工程施工安全管理导则》(SL 721—2015)

7.4.2　各参建单位的主要负责人是本单位的消防安全第一责任人。各参建单位应履行下列消防安全职责：

1　制定消防安全制度、消防安全操作规程、消防措施预案，落实消防安全责任制。

7.5.3　超标准洪水应急预案应包括超标准洪水可能导致的险情预测、应急抢险指挥机构设置、应急抢险措施、应急队伍准备及应急演练等内容。

11.2.3　重大事故隐患治理方案应由施工单位主要负责人组织制订，经监理单位审核，报项目法人同意后实施。项目法人应将重大事故隐患治理方案报项目主管部门和安全监督机构备案。

11.2.4　重大事故隐患治理方案应包括以下内容：

1　重大事故隐患描述。

2　治理的目标和任务。

3　采取的方法和措施。

4　经费和物资的落实。

5　负责治理的机构和人员。

6　治理的时限和要求。

7　安全措施和应急预案等。

11.2.8 各参建单位应加强对自然灾害的预防。对于因自然灾害可能导致事故隐患的，应按照有关法律、法规、规章、制度和标准的要求排查治理，采取可靠的预防措施，制订应急预案。

11.4.6 项目法人、施工单位应组织制定建设项目重大危险源事故应急预案，建立应急救援组织或者配备应急救援人员，配备必要的防护装备及应急救援器材、设备、物资，并保障其完好和方便使用。

12.1.2 施工单位对存在职业危害的场所应加强管理，并遵守下列规定：

4 对可能发生急性职业危害的工作场所，应设置报警装置、标识牌、应急撤离通道和必要的泄险区，制订应急预案，配置现场急救用品、设备。

12.2.2 施工单位对施工现场环境保护管理，应遵守以下规定：

4 对突发事件可能引起的有毒有害、易燃易爆等物质泄漏，或突发事件产生新的有毒有害物质造成的对人及环境影响进行评估，制订应急预案。

13.1.3 施工单位应根据项目生产安全事故应急救援预案，组织制定施工现场生产安全事故应急救援预案、专项应急预案、现场处置方案，经监理单位审核，报项目法人备案。

《水利水电施工企业安全生产标准化评审标准》(水利部办安监〔2018〕52号)

5.2.7 制定重大危险源事故应急预案，建立应急救援组织或配备应急救援人员、必要的防护装备及应急救援器材、设备、物资，并保障其完好和方便使用。

5.3.4 单位主要负责人组织制定重大事故隐患治理方案，经监理单位审核，报项目法人同意后实施。治理方案应包括下列内容：重大事故隐患描述；治理的目标和任务；采取的方法和措施；经费和物资的落实；负责治理的机构和人员；治理的时限和要求；安全措施和应急预案等。

6.1.2 在安全风险分析、评估和应急资源调查的基础上，建立健全生产安全事故应急预案体系，包括综合预案、专项预案、现场处置方案，经监理单位审核，报项目法人备案。针对工作场所、岗位的特点，编制简明、实用、有效的应急处置卡。项目部的应急预案体系应与项目法人和地方政府的应急预案体系相衔接。按照有关规定通报应急救援队伍、周边企业等有关应急协作单位。

★ 应开展的基础工作

(1) 在施工项目开工前，应对作业场所进行全面的危险源辨识和风险分析，确定可能发生的事故类型及后果，评估事故的危害程度和影响范围，判定出危险源的等级，存在重大危险源的项目应编制重大危险源专项应急预案。

(2) 项目存在符合本违规行为条款所列内容的，应依据风险及应急能力评估结果，组织编制专项应急预案或现场处置方案。编制应注重系统性和可操作性，做到与相关部门和单位应急预案相衔接。

● 违规行为标准条文

92. 未制定生产安全事故应急救援预案

◆ 法律、法规、规范性文件和技术标准要求

《中华人民共和国安全生产法》（主席令第 13 号）

第七十八条　生产经营单位应当制定本单位生产安全事故应急救援预案，与所在地县级以上地方人民政府组织制定的生产安全事故应急救援预案相衔接，并定期组织演练。

《生产安全事故应急条例》（国务院令第 708 号）

第五条　生产经营单位应当针对本单位可能发生的生产安全事故的特点和危害，进行风险辨识和评估，制定相应的生产安全事故应急救援预案，并向本单位从业人员公布。

《水利工程建设安全生产管理规定》（水利部令第 26 号）

第三十六条　施工单位应当根据水利工程施工的特点和范围，对施工现场易发生重大事故的部位、环节进行监控，制定施工现场生产安全事故应急救援预案。实行施工总承包的，由总承包单位统一组织编制水利工程建设生产安全事故应急救援预案，工程总承包单位和分包单位按照应急救援预案，各自建立应急救援组织或者配备应急救援人员，配备救援器材、设备，并定期组织演练。

《水利水电工程施工安全管理导则》（SL 721—2015）

13.1.3　施工单位应根据项目生产安全事故应急救援预案，组织制定施工现场生产安全事故应急救援预案、专项应急预案、现场处置方案，经监理单位审核，报项目法人备案。

★ 应开展的基础工作

（1）施工项目应在项目进场后进行全面的安全风险分析，针对施工现场易发生重大事故的部位、环节合理编制项目的生产安全事故应急预案。应急预案应与所在地县级以上地方人民政府组织制定的生产安全事故应急救援预案相衔接。

（2）生产安全事故应急预案应以正式文件的形式发布，并组织学习。

● 违规行为标准条文

93. 生产安全事故应急救援预案不完善，或未按规定报备

◆ 法律、法规、规范性文件和技术标准要求

《生产安全事故应急条例》（国务院令第 708 号）

第六条　生产安全事故应急救援预案应当符合有关法律、法规、规章和标准的规定，具有科学性、针对性和可操作性，明确规定应急组织体系、职责分工以及应急救援程序和措施。

第七条　建筑施工单位应当将其制定的生产安全事故应急救援预案按照国家有关规定

报送县级以上人民政府负有安全生产监督管理职责的部门备案，并依法向社会公布。

《生产经营单位应急预案编制导则》（GB/T 29639—2013）

5.1 概述

生产经营单位的应急预案体系主要由综合应急预案、专项应急预案和现场处置方案构成。生产经营单位应根据本单位组织管理体系、生产规模、危险源的性质以及可能发生的事故类型确定应急预案体系，并可根据本单位的实际情况，确定是否编制专项应急预案。风险因素单一的小微型生产经营单位可只编写现场处置方案。

5.2 综合应急预案

综合应急预案是生产经营单位应急预案体系的总纲，主要从总体上阐述事故的应急工作原则，包括生产经营单位的应急组织机构及职责、应急预案体系、事故风险描述、预警及信息报告、应急响应、保障措施、应急预案管理等内容。

5.3 专项应急预案

专项应急预案是生产经营单位为应对某一类型或某几种类型事故，或者针对重要生产设施、重大危险源、重大活动等内容而制定的应急预案。专项应急预案主要包括事故风险分析、应急指挥机构及职责、处置程序和措施等内容。

5.4 现场处置方案

现场处置方案是生产经营单位根据不同事故类型，针对具体的场所、装置或设施所制定的应急处置措施，主要包括事故风险分析、应急工作职责、应急处置和注意事项等内容。生产经营单位应根据风险评估、岗位操作规程以及危险性控制措施，组织本单位现场作业人员及安全管理等专业人员共同编制现场处置方案。

《水利水电工程施工安全管理导则》（SL 721—2015）

13.1.3 施工单位应根据项目生产安全事故应急救援预案，组织制定施工现场生产安全事故应急救援预案、专项应急预案、现场处置方案，经监理单位审核，报项目法人备案。

《水利水电施工企业安全生产标准化评审标准》（水利部办安监〔2018〕52号）

6.1.2 在安全风险分析、评估和应急资源调查的基础上，建立健全生产安全事故应急预案体系，包括综合预案、专项预案、现场处置方案，经监理单位审核，报项目法人备案。针对工作场所、岗位的特点，编制简明、实用、有效的应急处置卡。项目部的应急预案体系应与项目法人和地方政府的应急预案体系相衔接。按照有关规定通报应急救援队伍、周边企业等有关应急协作单位。

6.1.6 定期评估应急预案，根据评估结果及时进行修订和完善，并及时报备。

★ 应开展的基础工作

（1）生产安全事故应急预案包括综合应急预案、专项应急预案和现场处置方案。

（2）编写的应急预案应结合风险评估以及应急能力评估结果，应有系统性和可操作性。

（3）应急预案编制完成后必须进行评审，经本单位主要负责人审核后报监理审批，通过后已正式文件发布。

（4）应急预案报项目法人备案。

● 违规行为标准条文

94. 未按规定配备应急救援、消防、联络通信等器材、设备

◆ 法律、法规、规范性文件和技术标准要求

《生产安全事故应急条例》（国务院令第708号）

第十三条 建筑施工单位应当根据本单位可能发生的生产安全事故的特点和危害，配备必要的灭火、排水、通风以及危险物品稀释、掩埋、收集等应急救援器材、设备和物资，并进行经常性维护、保养，保证正常运转。

《水利工程建设安全生产管理规定》（水利部令第26号）

第三十六条 施工单位应当根据水利工程施工的特点和范围，对施工现场易发生重大事故的部位、环节进行监控，制定施工现场生产安全事故应急救援预案。实行施工总承包的，由总承包单位统一组织编制水利工程建设生产安全事故应急救援预案，工程总承包单位和分包单位按照应急救援预案，各自建立应急救援组织或者配备应急救援人员，配备救援器材、设备，并定期组织演练。

《水利水电工程施工通用安全技术规程》（SL 398—2007）

3.7.3 施工单位应按设计要求和现场施工情况制定度汛措施，报建设单位（监理）审批后成立防汛抢险队伍，配置足够的防汛物资，随时做好防汛抢险的准备工作。

《水利水电工程施工安全防护设施技术规范》（SL 714—2015）

3.13.7 施工单位应按设计要求和现场施工情况编制度汛措施和应急处置方案，报监理审批，成立防汛抢险队伍，配置足够的防汛抢险物资，随时做好防汛抢险准备工作。

★ 应开展的基础工作

（1）施工项目应根据项目应急预案中的物资设备清单进行应急器材、物资、设备的配备，并建立管理台账。

（2）施工项目的消防器材的配备应考虑所在部位和可能发生的火灾类型，应满足相关标准规范的要求。

（3）施工项目的防汛物资的配备应考虑防汛的具体情况，分别存放。

（4）各类应急物资应分类存放，建立管理台账。

● 违规行为标准条文

95. 未对应急救援器材、设备和物资进行经常性维护、保养

◆ 法律、法规、规范性文件和技术标准要求

《生产安全事故应急条例》(国务院令第 708 号)

第十三条　建筑施工单位应当根据本单位可能发生的生产安全事故的特点和危害，配备必要的灭火、排水、通风以及危险物品稀释、掩埋、收集等应急救援器材、设备和物资，并进行经常性维护、保养，保证正常运转。

《水利水电施工企业安全生产标准化评审标准》(水利部办安监〔2018〕52 号)

6.1.4　根据可能发生的事故种类特点，设置应急设施，配备应急装备，储备应急物资，建立管理台账，安排专人管理，并定期检查、维护、保养，确保其完好、可靠。

★ 应开展的基础工作

应急救援器材、设备和物资应进行定期检查和经常性维护、保养，确保完好、可靠，并做好维护保养及检查记录。

● 违规行为标准条文

96. 未按规定开展生产安全事故应急救援预案培训和演练

◆ 法律、法规、规范性文件和技术标准要求

《生产安全事故应急条例》(国务院令第 708 号)

第十一条　应急救援队伍的应急救援人员应当具备必要的专业知识、技能、身体素质和心理素质。应急救援队伍建立单位或者兼职应急救援人员所在单位应当按照国家有关规定对应急救援人员进行培训；应急救援人员经培训合格后，方可参加应急救援工作。应急救援队伍应当配备必要的应急救援装备和物资，并定期组织训练。

《生产安全事故应急预案管理办法》(应急管理部令第 2 号)

第三十一条　生产经营单位应当组织开展本单位的应急预案、应急知识、自救互救和避险逃生技能的培训活动，使有关人员了解应急预案内容，熟悉应急职责、应急处置程序和措施。应急培训的时间、地点、内容、师资、参加人员和考核结果等情况应当如实记入本单位的安全生产教育和培训档案。

《水利水电施工企业安全生产标准化评审标准》(水利部办安监〔2018〕52 号)

6.1.5　根据本单位的事故风险特点，每年至少组织一次综合应急预案演练或者专项应急预案演练，每半年至少组织一次现场处置方案演练，做到一线从业人员参与应急演练全覆盖，掌握相关的应急知识。对演练进行总结和评估，根据评估结论和演练发现的问题，修订、完善应急预案，改进应急准备工作。

★ 应开展的基础工作

（1）应急救援预案应及时进行学习培训，确保相应人员了解应急救援工作的分工、流程等。

（2）施工项目应结合项目施工情况选择适当的时间开展应急演练。

（3）应急演练包括综合应急预案演练、专项应急预案演练和现场处置方案演练，施工项目应每年至少组织一次综合应急预案演练或者专项应急预案演练，每半年至少组织一次现场处置方案演练，做到一线从业人员参与应急演练全覆盖，掌握相关的应急知识。

（4）应急演练包括桌面演练、实战演练，施工项目可根据项目实际选择合适的形成开展。

（5）应急演练前应编制演练方案并做好准备工作，演练过程中做好记录，演练结束后进行总结、评估。

（6）根据应急演练的评估结论确定是否对应急预案进行修订、完善。经修订的应急预案应在评审通过后再次上报监理，审批通过后进行更新发布。

● 违规行为标准条文

97. 演练后，未开展演练评估、分析存在的问题、对预案内容的针对性和实用性进行分析、作出是否需要修订的结论

◆ 法律、法规、规范性文件和技术标准要求

《生产安全事故应急预案管理办法》（应急管理部令第2号）

第三十四条　应急预案演练结束后，应急预案演练组织单位应当对应急预案演练效果进行评估，撰写应急预案演练评估报告，分析存在的问题，并对应急预案提出修订意见。

第三十五条　应急预案编制单位应当建立应急预案定期评估制度，对预案内容的针对性和实用性进行分析，并对应急预案是否需要修订作出结论。矿山、金属冶炼、建筑施工企业和易燃易爆物品、危险化学品等危险物品的生产、经营、储存、运输企业、使用危险化学品达到国家规定数量的化工企业、烟花爆竹生产、批发经营企业和中型规模以上的其他生产经营单位，应当每三年进行一次应急预案评估。应急预案评估可以邀请相关专业机构或者有关专家、有实际应急救援工作经验的人员参加，必要时可以委托安全生产技术服务机构实施。

第三十六条　有下列情形之一的，应急预案应当及时修订并归档：

（一）依据的法律、法规、规章、标准及上位预案中的有关规定发生重大变化的；

（二）应急指挥机构及其职责发生调整的；

（三）安全生产面临的风险发生重大变化的；

（四）重要应急资源发生重大变化的；

（五）在应急演练和事故应急救援中发现需要修订预案的重大问题的；

（六）编制单位认为应当修订的其他情况。

《水利水电工程施工安全管理导则》（SL 721—2015）

13.1.6 施工现场事故应急救援预案和各类应急预案应定期评审，必要时进行修订和完善。

《水利水电施工企业安全生产标准化评审标准》（水利部办安监〔2018〕52号）

6.1.5 根据本单位的事故风险特点，每年至少组织一次综合应急预案演练或者专项应急预案演练，每半年至少组织一次现场处置方案演练，做到一线从业人员参与应急演练全覆盖，掌握相关的应急知识。对演练进行总结和评估，根据评估结论和演练发现的问题，修订、完善应急预案，改进应急准备工作。

6.1.6 定期评估应急预案，根据评估结果及时进行修订和完善，并及时报备。

★ 应开展的基础工作

（1）应急演练后，应对演练情况进行总结，及时开展演练效果评估，编写书面评估报告。

（2）评估报告重点针对演练活动的组织和实施、应急指挥人员的指挥协调能力、参演人员的处置能力、演练所用设备装备的适应性、演练目标的实现情况、演练的成本效益分析以及演练中暴露出应急预案和应急管理工作中的问题等进行评价。

（3）评估报告应提出对存在问题的整改要求和意见。

（4）施工项目应建立应急预案定期评估制度，对预案内容的针对性和实用性进行分析，并对应急预案是否需要修订作出结论。

（5）修订或重新编制的应急预案经评审通过后再次上报监理，审批通过后进行更新发布。

● 违规行为标准条文

98. 未建立应急值班制度或未配备应急值班人员，或值班工作不到位

◆ 法律、法规、规范性文件和技术标准要求

《生产安全事故应急条例》（国务院令第708号）

第十四条 下列单位应当建立应急值班制度，配备应急值班人员：

（一）县级以上人民政府及其负有安全生产监督管理职责的部门；

（二）危险物品的生产、经营、储存、运输单位以及矿山、金属冶炼、城市轨道交通运营、建筑施工单位；

（三）应急救援队伍。

规模较大、危险性较高的易燃易爆物品、危险化学品等危险物品的生产、经营、储存、运输单位应当成立应急处置技术组，实行24小时应急值班。

★ 应开展的基础工作

（1）施工项目应建立应急值班制度、配备应急值班人员。

（2）应急值班人员不应擅离职守，应做好值班记录。

● 违规行为标准条文

99. 地下洞室汛期施工未采取必要的防汛措施

◆ 法律、法规、规范性文件和技术标准要求

《洞室作业规程》（AQBZ/J/17/08）

2　土石方开挖

2.1　洞室开挖

2.1.4　地下洞室洞口削坡应自上而下分层进行，严禁上下垂直作业，并做好坡面，马道加固及排水等工作，进洞前应做好开挖及其影响范围内的危石清理和坡顶排水，按设计要求进行边坡加固。

2.1.8　位于河水位以下的隧洞进、出口，应按施工期防洪标准设置围堰或预留岩坎，在围堰或岩坎保护下进行开挖。需要采用岩塞爆破方法形成洞口时，应进行专门论证。

2.1.10　地下洞室进口施工宜避开降水期和融雪期。进洞前应完成洞口排水系统并对洞脸岩体进行鉴定确认稳定后方可开挖洞口。

6　供水与排水

6.5　洞口应根据地形和水文条件，做好排水设计，选择经济合理的排水措施，不应使地表水倒灌入洞内、冲刷洞口和施工道路。

6.6　施工场地，施工前应充分考虑施工用水和外部影响的渗水量，妥善安排排水能力，以利施工机械设备、工作人员在正常条件下进行施工。

《水利水电工程土建施工安全技术规程》（SL 399—2007）

3.5.11　通风及排水应遵守下列规定：

8　施工场地，施工前应充分考虑施工用水和外部影响的渗水量，妥善安排排水能力，以利施工机械设备、工作人员在正常条件下进行施工。

《水利水电工程施工安全防护设施技术规范》（SL 714—2015）

5.3.1　隧洞洞口施工应符合下列要求：

1　有良好的排水措施。

2　应及时清理洞脸，及时锁口。在洞脸边坡外侧应设置挡渣墙或积石槽，或在洞口

设置网或木构架防护棚，其顺洞轴方向伸出洞口外长度不得小于5m。

3 洞口以上边坡和两侧岩壁不完整时，应采用喷锚支护或混凝土永久支护等措施。

★ 应开展的基础工作

（1）地下洞室进口施工宜避开降水期和融雪期。

（2）在洞室洞口设置其顺洞轴方向伸出洞口外长度大得小于5m的防护棚。

（3）考虑汛期水量增大、地下水位上涨、边坡缝隙渗水等因素，施工前结合地形和水文条件，做好洞口的排水设计，禁止地表水倒灌。

（4）做好进口处坡面排水工作。

（5）位于河水位以下的隧洞进、出口，应按施工期防洪标准设置围堰或预留岩坎。

（6）汛期做好度汛方案和应急预案，备齐防汛物资、设备。

安全培训教育

● 违规行为标准条文

100. 未按规定组织三级安全教育、转岗、复工、“四新”等安全生产教育培训

◆ 法律、法规、规范性文件和技术标准要求

《中华人民共和国安全生产法》（主席令第13号）

第二十六条　技术更新的教育和培训

生产经营单位采用新工艺、新技术、新材料或者使用新设备，必须了解、掌握其安全技术特性，采取有效的安全防护措施，并对从业人员进行专门的安全生产教育和培训。

《水利工程建设安全生产管理规定》（水利部令第50号）

第二十五条　施工单位的主要负责人、项目负责人、专职安全生产管理人员应当经水行政主管部门对其安全生产知识和管理能力考核合格。施工单位应当对管理人员和作业人员每年至少进行一次安全生产教育培训，其教育培训情况记入个人工作档案。安全生产教育培训考核不合格的人员，不得上岗。施工单位在采用新技术、新工艺、新设备、新材料时，应当对作业人员进行相应的安全生产教育培训。

《安全生产培训管理办法》（国家安全生产监督管理总局令第44号，总局令第80号修改）

第十条　生产经营单位应当建立安全培训管理制度，保障从业人员安全培训所需经费，对从业人员进行与其所从事岗位相应的安全教育培训；从业人员调整工作岗位或者采用新工艺、新技术、新设备、新材料的，应当对其进行专门的安全教育和培训。未经安全教育和培训合格的从业人员，不得上岗作业。

《水利水电工程施工安全管理导则》（SL 721—2015）

8.1.1　各参建单位应建立安全培训教育制度，明确安全教育培训的对象与内容、组织与管理、检查与考核等要求。

8.3.5　施工单位采用新技术、新工艺、新设备、新材料时，应根据技术说明书、使用说明书、操作技术要求等，对有关作业人员进行安全生产教育培训。

《水利水电施工企业安全生产标准化评审标准》（水利部办安监〔2018〕52号）

3.2.2　新员工上岗前应接受三级安全教育培训，培训时间满足规定学时要求；在新工艺、新技术、新材料、新设备设施投入使用前，应根据技术说明书、使用说明书、操作技术要求等，对有关管理、操作人员进行培训；作业人员转岗、离岗一年以上重新上岗前，均应进行项目部（队、车间）、班组安全教育培训，经考核合格后上岗。

3.2.3　特种作业人员接受规定的安全作业培训，并取得特种作业操作资格证书后上岗作业；特种作业人员离岗6个月以上重新上岗，应经实际操作考核合格后上岗工作；建立健全特种作业人员档案。

★　应开展的基础工作

（1）结合项目实际合理制定培训制度和项目培训计划（跨年的分年度制订培训计划）。

（2）培训计划应结合项目施工的内容和进度，合理确定培训人员和培训时间，并根据实际变化适当调整。

（3）新进场工人（包括农民工）应进行三级安全教育（从业人员安全生产权利和义务，施工项目的规章制度、安全职责、现场作业环境特点、危险因素、岗位的职业危害与防范措施、所在岗位的安全操作规程和技能、事故防范和避险方法等）。

●　违规行为标准条文

101. 安全生产教育培训人员不全，或培训时间未达到规范要求

◆　法律、法规、规范性文件和技术标准要求

《中华人民共和国安全生产法》（主席令第13号）

第二十五条　从业人员的教育和培训

生产经营单位应当对从业人员进行安全生产教育和培训，保证从业人员具备必要的安全生产知识，熟悉有关的安全生产规章制度和安全操作规程，掌握本岗位的安全操作技能，了解事故应急处理措施，知悉自身在安全生产方面的权利和义务。未经安全生产教育和培训合格的从业人员，不得上岗作业。

生产经营单位使用被派遣劳动者的，应当将被派遣劳动者纳入本单位从业人员统一管理，对被派遣劳动者进行岗位安全操作规程和安全操作技能的教育和培训。劳务派遣单位应当对被派遣劳动者进行必要的安全生产教育和培训。

生产经营单位接收中等职业学校、高等学校学生实习的，应当对实习学生进行相应的安全生产教育和培训，提供必要的劳动防护用品。学校应当协助生产经营单位对实习学生进行安全生产教育和培训。

生产经营单位应当建立安全生产教育和培训档案，如实记录安全生产教育和培训的时间、内容、参加人员以及考核结果等情况。

《水利工程建设安全生产管理规定》（水利部令第50号）

第二十五条　施工单位的主要负责人、项目负责人、专职安全生产管理人员应当经水

行政主管部门对其安全生产知识和管理能力考核合格。施工单位应当对管理人员和作业人员每年至少进行一次安全生产教育培训，其教育培训情况记入个人工作档案。安全生产教育培训考核不合格的人员，不得上岗。施工单位在采用新技术、新工艺、新设备、新材料时，应当对作业人员进行相应的安全生产教育培训。

《安全生产培训管理办法》（国家安全生产监督管理总局令第44号，总局令第80号修改）

第十条　生产经营单位应当建立安全培训管理制度，保障从业人员安全培训所需经费，对从业人员进行与其所从事岗位相应的安全教育培训；从业人员调整工作岗位或者采用新工艺、新技术、新设备、新材料的，应当对其进行专门的安全教育和培训。未经安全教育和培训合格的从业人员，不得上岗作业。

生产经营单位使用被派遣劳动者的，应当将被派遣劳动者纳入本单位从业人员统一管理，对被派遣劳动者进行岗位安全操作规程和安全操作技能的教育和培训。劳务派遣单位应当对被派遣劳动者进行必要的安全生产教育和培训。

生产经营单位接收中等职业学校、高等学校学生实习的，应当对实习学生进行相应的安全生产教育和培训，提供必要的劳动防护用品。学校应当协助生产经营单位对实习学生进行安全生产教育和培训。

从业人员安全培训的时间、内容、参加人员以及考核结果等情况，生产经营单位应当如实记录并建档备查。

第十一条　生产经营单位从业人员的培训内容和培训时间，应当符合《生产经营单位安全培训规定》和有关标准的规定。

《生产经营单位安全培训规定》（国家安全生产监督管理总局令第30号，总局令第80号修改）

第三条　生产经营单位负责本单位从业人员安全培训工作。

生产经营单位应当按照安全生产法和有关法律、行政法规和本规定，建立健全安全培训工作制度。

第四条　生产经营单位应当进行安全培训的从业人员包括主要负责人、安全生产管理人员、特种作业人员和其他从业人员。

生产经营单位使用被派遣劳动者的，应当将被派遣劳动者纳入本单位从业人员统一管理，对被派遣劳动者进行岗位安全操作规程和安全操作技能的教育和培训。劳务派遣单位应当对被派遣劳动者进行必要的安全生产教育和培训。

生产经营单位接收中等职业学校、高等学校学生实习的，应当对实习学生进行相应的安全生产教育和培训，提供必要的劳动防护用品。学校应当协助生产经营单位对实习学生进行安全生产教育和培训。

生产经营单位从业人员应当接受安全培训，熟悉有关安全生产规章制度和安全操作规程，具备必要的安全生产知识，掌握本岗位的安全操作技能，了解事故应急处理措施，知悉自身在安全生产方面的权利和义务。

未经安全培训合格的从业人员，不得上岗作业。

第七条　生产经营单位主要负责人安全培训应当包括下列内容：

（一）国家安全生产方针、政策和有关安全生产的法律、法规、规章及标准；

（二）安全生产管理基本知识、安全生产技术、安全生产专业知识；

（三）重大危险源管理、重大事故防范、应急管理和救援组织以及事故调查处理的有关规定；

（四）职业危害及其预防措施；

（五）国内外先进的安全生产管理经验；

（六）典型事故和应急救援案例分析；

（七）其他需要培训的内容。

第八条　生产经营单位安全生产管理人员安全培训应当包括下列内容：

（一）国家安全生产方针、政策和有关安全生产的法律、法规、规章及标准；

（二）安全生产管理、安全生产技术、职业卫生等知识；

（三）伤亡事故统计、报告及职业危害的调查处理方法；

（四）应急管理、应急预案编制以及应急处置的内容和要求；

（五）国内外先进的安全生产管理经验；

（六）典型事故和应急救援案例分析；

（七）其他需要培训的内容。

第九条　生产经营单位主要负责人和安全生产管理人员初次安全培训时间不得少于32学时。每年再培训时间不得少于12学时。

第十三条　生产经营单位新上岗的从业人员，岗前安全培训时间不得少于24学时。

煤矿、非煤矿山、危险化学品、烟花爆竹、金属冶炼等生产经营单位新上岗的从业人员安全培训时间不得少于72学时，每年再培训的时间不得少于20学时。

第二十二条　生产经营单位应当建立健全从业人员安全生产教育和培训档案，由生产经营单位的安全生产管理机构以及安全生产管理人员详细、准确记录培训的时间、内容、参加人员以及考核结果等情况。

《水利水电工程施工安全管理导则》（SL 721—2015）

8.1.1　各参建单位应建立安全培训教育制度，明确安全教育培训的对象与内容、组织与管理、检查与考核等要求。

8.1.2　各参建单位应定期对从业人员进行安全生产教育和培训，保证从业人员具备必要的安全生产知识，熟悉安全生产有关法律法规、规章制度和安全操作规程，掌握本岗位的安全操作技能。

8.1.3　各参建单位每年至少应对管理人员和作业人员进行一次安全生产教育培训，并经考试确认其能力符合岗位要求，其教育培训情况记入个人工作档案。

安全生产教育培训考核不合格的人员，不得上岗。

《水利水电施工企业安全生产标准化评审标准》（水利部办安监〔2018〕52号）

3.2.1　应对各级管理人员进行教育培训，每年按规定进行再培训。主要负责人、项目负责人、专职安全生产管理人员按规定经水行政主管部门考核合格并持证上岗。

3.2.4　每年对在岗作业人员进行安全生产教育和培训，培训时间和内容应符合有关规定。

3.2.6　对外来人员进行安全教育，主要内容应包括：安全规定、可能接触到的危险有害因素、职业病危害防护措施、应急知识等。由专人带领做好相关监护工作。

★　应开展的基础工作

（1）教育培训的人员应全覆盖，所有人员均应进行安全培训。

（2）培训内容应有针对性，培训对象也应与培训内容相对应。

（3）培训学时应满足要求，一个人的培训学时可多次累加，不同培训的最低学时应保证。

第九章

档 案 管 理

● 违规行为标准条文

102. 未建立安全生产、安全防护用具、特种设备安全技术等档案或档案不符合规定

◆ 法律、法规、规范性文件和技术标准要求

《企业安全生产标准化基本规范》(GB/T 33000—2016)

5.2.4 文档管理

5.2.4.1 记录管理

企业应建立文件和记录管理制度，明确安全生产和职业卫生规章制度、操作规程的编制、评审、发布、使用、修订、作废以及文件和记录管理的职责、程序和要求。

企业应建立健全主要安全生产和职业卫生过程与结果的记录，并建立和保存有关记录的电子档案，支持查询和检索，便于自身管理使用和行业主管部门调取检查。

《水利水电工程施工安全管理导则》(SL 721—2015)

9.1.5 《特种设备安全法》规定的施工起重机械验收前，应经具备资质的检验检测机构检验。施工单位应自施工起重机械和整体提升脚手架、模板等自升式架设设施验收合格之日起30日内，向建设行政主管部门或者其他有关部门登记。登记、检验结果应报监理单位备案。

9.1.6 施工单位应建立设施设备的安全管理台账，应记录下列内容：

1 来源、类型、数量、技术性能、使用年限等信息。

2 设施设备进场验收资料。

3 使用地点、状态、责任人及检测检验、日常维修保养等信息。

4 采购、租赁、改造计划及实施情况。

9.1.7 施工单位应在特种设备作业人员（含分包商、租赁的特种设备操作人员）入场时确认其证件的有效性，经监理单位审核确认，报项目法人备案。

14.0.1 各参建单位应将安全生产档案管理纳入日常工作，明确管理部门、人员及岗位职责，健全制度，安排经费，确保安全生产档案管理正常开展。

14.0.4 专业技术人员和管理人员是归档工作的直接责任人，应做好安全生产文件材料的收集、整理、归档工作。如遇工作变动，应做好安全生产档案资料的交接工作。

D.0.9 作业安全管理

1　安全标志台账。

2　安全设施管理台账。

《中华人民共和国特种设备安全法》（主席令第4号）

第三十五条　特种设备使用单位应当建立特种设备安全技术档案。安全技术档案应当包括以下内容：

（一）特种设备的设计文件、产品质量合格证明、安装及使用维护保养说明、监督检验证明等相关技术资料和文件；

（二）特种设备的定期检验和定期自行检查记录；

（三）特种设备的日常使用状况记录；

（四）特种设备及其附属仪器仪表的维护保养记录；

（五）特种设备的运行故障和事故记录。

《施工现场临时用电安全技术规范》（JGJ 46—2005）

3.3　安全技术档案

3.3.1　施工现场临时用电必须建立安全技术档案，并应包括下列内容：

1　用电组织设计的安全资料；

2　修改用电组织设计的资料；

3　用电技术交底资料；

4　用电工程检查验收表；

5　电气设备的试、检验凭单和调试记录；

6　接地电阻、绝缘电阻和漏电保护器漏电动作参数测定记录表；

7　定期检（复）查表；

8　电工安装、巡检、维修、拆除工作记录。

3.3.2　安全技术档案应由主管该现场的电气技术人员负责建立与管理。其中“电工安装、巡检、维修、拆除工作记录”可指定电工代管，每周由项目经理审核认可，并应在临时用电工程拆除后统一归档。

《密闭空间作业职业危害防护规范》（GBZ/T 205—2007）

5.4　用人单位提供符合要求的监测、通风、通讯、个人防护用品、设备、照明、安全进出设施以及应急救援和其他必须设备，并保证所有设施的正常运行和劳动者能够正确使用。

5.12　进入密闭空间作业结束后，准入文件或记录至少存档一年。

8.6.3　用人单位应当保存职业病危害因素已经消除的证明材料，证明材料包括日期、空间位置、检测结果和颁发者签名，并保证准入者或监护者能够得到。

《水利水电施工企业安全生产标准化评审标准》（水利部办安监〔2018〕52号）

2.4.1　文件管理制度应明确文件的编制、审批、标识、收发、使用、评审、修订、保管、废止等内容，并严格执行。

2.4.2　记录管理制度应明确记录管理职责及记录的填写、收集、标识、保管和处置等内容，并严格执行。

2.4.3　档案管理制度应明确档案管理职责及档案的收集、整理、标识、保管、使用和处置等内容，并严格执行。

4.1.12　特种设备管理

按规定进行登记、建档、使用、维护保养、自检、定期检验以及报废；有关记录规范；制定特种设备事故应急措施和救援预案；达到报废条件的及时向有关部门申请办理注销；建立特种设备技术档案（包括设计文件、制造单位、产品质量合格证明、使用维护说明等文件以及安装技术文件和资料；定期检验和定期自行检查的记录；日常使用状况记录；特种设备及其安全附件、安全保护装置、测量调控装置及有关附属仪器仪表的日常维护保养记录；运行故障和事故记录；高耗能特种设备的能效测试报告、能耗状况记录以及节能改造技术资料）；安全附件、安全保护装置、安全距离、安全防护措施以及与特种设备安全相关的建筑物、附属设施，应当符合有关规定。

★　应开展的基础工作

（1）施工项目可参考 SL 721—2015 附录 D 中给出的目录，结合项目业主、监理的要求，以及安全工作开展的实际情况，建立各类安全档案。

（2）施工项目日常应注意各项工作记录、图片、影像、文件等资料的收集，及时统计形成相关台账清单等。

●　违规行为标准条文

103. 未设置特种设备使用登记标志、定期检验标志

◆　法律、法规、规范性文件和技术标准要求

《中华人民共和国特种设备安全法》（主席令第 4 号）

第三十三条　特种设备使用单位应当在特种设备投入使用前或者投入使用后三十日内，向负责特种设备安全监督管理的部门办理使用登记，取得使用登记证书。登记标志应当置于该特种设备的显著位置。

第四十条　特种设备使用单位应当按照安全技术规范的要求，在检验合格有效期届满前一个月向特种设备检验机构提出定期检验要求。

特种设备检验机构接到定期检验要求后，应当按照安全技术规范的要求及时进行安全性能检验。特种设备使用单位应当将定期检验标志置于该特种设备的显著位置。

未经定期检验或者检验不合格的特种设备，不得继续使用。

★　应开展的基础工作

（1）施工项目设备管理人员应做好对场内特种设备的管理，收集好相关档案资料，并

对需更新检验的设备及时做好相应的检验、登记，确保设备始终处于有效状态。

（2）安全人员也应熟知施工项目特种设备情况，做好监督检查，必要时提醒设备管理人员，确保特种设备及时检验并做好相应标志，持续有效。

● 违规行为标准条文

104. 各类安全检查、检测等记录不全

◆ 法律、法规、规范性文件和技术标准要求

《中华人民共和国安全生产法》（主席令第13号）

第四十三条　生产经营单位的安全生产管理人员应当根据本单位的生产经营特点，对安全生产状况进行经常性检查；对检查中发现的安全问题，应当立即处理；不能处理的，应当及时报告本单位有关负责人，有关负责人应当及时处理。检查及处理情况应当记录在案。

生产经营单位的安全生产管理人员在检查中发现重大事故隐患，依照前款规定向本单位有关负责人报告，有关负责人不及时处理的，安全生产管理人员可以向主管的负有安全生产监督管理职责的部门报告，接到报告的部门应当依法及时处理。

《安全生产事故隐患排查治理暂行规定》（国家安全生产监督管理总局令第16号）

第十条　生产经营单位应当定期组织安全生产管理人员、工程技术人员和其他相关人员排查本单位的事故隐患。对排查出的事故隐患，应当按照事故隐患的等级进行登记，建立事故隐患信息档案，并按照职责分工实施监控治理。

《水利水电工程施工安全管理导则》（SL 721—2015）

9.2.1　施工单位在设施设备运行前应进行全面检查；运行过程中应定期对安全设施、器具进行维护、更换，每月应对主要施工设备（设施）安全状况进行一次全面检查（包含停用一个月以上的起重机械在重新使用前），并做好记录，确保其运行可靠。

附录D　施工单位安全档案目录

D.0.4　施工现场安全产管理制度

6　安全生产管理制度的检查评估报告。

D.0.5　安全生产费用管理

4　安全生产费用检查意见及整改报告等。

D.0.6　安全技术措施和专项施工方案

8　施工现场消防安全检查记录等。

D.0.8　设施设备安全管理

6　设施设备检查记录。

7　设施设备检修、维修记录等。

D.0.10　安全隐患排查治理

1 各级主管部门、项目法人、监理单位安全检查的记录意见和整改报告等。

2 施工单位隐患排查的记录、整改通知、整改结果等。

3 事故隐患排查、治理台账。

4 事故隐患排查治理情况统计分析月报表。

5 重大事故隐患报告。

6 重大事故隐患治理方案及治理结果。

7 重大事故隐患治理验收及评估意见等。

D. 0.11 重大危险源管理

5 重大危险源检查记录。

6 重大危险源监控、检测记录等。

D. 0.12 职业卫生和环境保护

5 职业危害场所检测计划、检测结果。

《中华人民共和国特种设备安全法》(主席令第4号)

第三十九条 特种设备使用单位应当对其使用的特种设备进行经常性维护保养和定期自行检查，并作出记录。

特种设备使用单位应当对其使用的特种设备的安全附件、安全保护装置进行定期校验、检修，并作出记录。

《施工现场临时用电安全技术规范》(JGJ 46—2005)

3.1.5 临时用电工程必须经编制、审核、批准部门和使用单位共同验收，合格后方可投入使用。

3.3.3 临时用电工程应定期检查。定期检查时，应复查接地电阻值和绝缘电阻值。

3.3.4 临时用电工程定期检查应按分部、分期工程进行，对安全隐患必须及时处理，并应履行复查验收手续。

8.2.14 漏电保护器应按产品说明书安装、使用。对搁置已久重新使用或连续使用的漏电保护器应逐月检测其特性，发现问题应及时修理或更换。

《水利水电工程施工通用安全技术规程》(SL 398—2007)

3.5.3 消防用器材设备，应妥善管理，定期检验，及时更换过期器材。消防汽车、消防栓等设备器材不应挪作它用。

3.7.5 防汛期间，应组织专人对围堰、子堤等重点防汛部位巡视检查，观察水情变化，发现险情，及时进行抢险加固或组织撤离。

4.1.4 现场施工用电设施，除经常性维护外，每年雨季前应检修一次，应保证其绝缘电阻等符合要求。

5.2.3 高处作业前，应检查排架、脚手板、通道、马道、梯子和防护设施，符合安全要求方可作业。高处作业使用的脚手架平台，应铺设固定脚手板，临空边缘应设高度不低于1.2m的防护栏杆。

5.3.1 脚手架应根据施工荷载经设计确定，施工常规负荷量不应超过3.0kPa。脚手架搭成后，须经施工及使用单位技术、质检、安全部门按设计和规范检查验收合格，方准

投入使用。

5.3.7　脚手架应定期检查，发现材料腐朽、紧固件松动时，应及时加固处理。靠近爆破地点的脚手架，每次爆破后均应进行检查。

《密闭空间作业职业危害防护规范》（GBZ/T 205—2007）

6.1　密闭空间作业应当满足的条件

6.1.1　配备符合要求的通风设备、个人防护用品、检测设备、照明设备、通讯设备、应急救援设备；

6.1.2　应用具有报警装置并经检定合格的检测设备对准入的密闭空间进行检测评价；检测、采样方法按相关规范执行；检测顺序及项目应包括：

6.1.2.1　测氧含量。正常时氧含量为18%～22%，缺氧的密闭空间应符合GB 8958的规定，短时间作业时必须采取机械通风。

6.1.2.2　测爆。密闭空间空气中可燃性气体浓度应低于爆炸下限的10%。对油轮船舶的拆修，以及油箱、油罐的检修，空气中可燃性气体的浓度应低于爆炸下限的1%。

6.1.2.3　测有毒气体。有毒气体的浓度，须低于GBZ2.1所规定的浓度要求。如果高于此要求，应采取机械通风措施和个人防护措施。

6.2　对密闭空间可能存在的职业病危害因素进行检测、评价。

★　应开展的基础工作

（1）根据项目实际情况有计划的开展各类安全检查、检测工作。

（2）留存好各类安全检查、检测记录。

其　他

● 违规行为标准条文

105. 使用国家明令淘汰、禁止使用工艺、设备、材料

◆ 法律、法规、规范性文件和技术标准要求

《中华人民共和国安全生产法》（主席令第 13 号）

第三十五条　国家对严重危及生产安全的工艺、设备实行淘汰制度，具体目录由国务院安全生产监督管理部门会同国务院有关部门制定并公布。法律、行政法规对目录的制定另有规定的，适用其规定。

省、自治区、直辖市人民政府可以根据本地区实际情况制定并公布具体目录，对前款规定以外的危及生产安全的工艺、设备予以淘汰。

生产经营单位不得使用应当淘汰的危及生产安全的工艺、设备。

第九十六条　生产经营单位有下列行为之一的，责令限期改正，可以处五万元以下的罚款；逾期未改正的，处五万元以上二十万元以下的罚款，对其直接负责的主管人员和其他直接责任人员处一万元以上二万元以下的罚款；情节严重的，责令停产停业整顿；构成犯罪的，依照刑法有关规定追究刑事责任：

（六）使用应当淘汰的危及生产安全的工艺、设备的。

《建设工程安全生产管理条例》（国务院令第 393 号）

第四十五条　国家对严重危及施工安全的工艺、设备、材料实行淘汰制度。具体目录由国务院建设行政主管部门会同国务院其他有关部门制定并公布。

第六十二条　违反本条例的规定，施工单位有下列行为之一的，责令限期改正；逾期未改正的，责令停业整顿，依照《中华人民共和国安全生产法》的有关规定处以罚款；造成重大安全事故，构成犯罪的，对直接责任人员，依照刑法有关规定追究刑事责任：

（六）使用国家明令淘汰、禁止使用的危及施工安全的工艺、设备、材料的。

《中华人民共和国节约能源法》（主席令第 77 号，2018 年修正）

第十六条　国家对落后的耗能过高的用能产品、设备和生产工艺实行淘汰制度。淘汰的用能产品、设备、生产工艺的目录和实施办法，由国务院管理节能工作的部门会同国务院有关部门制定并公布。生产过程中耗能高的产品的生产单位，应当执行单位产品能耗限额标准。对超过单位产品能耗限额标准用能的生产单位，由管理节能工作的部门按照国务院规定的权限责令限期治理。对高耗能的特种设备，按照国务院的规定实行节能审查和监管。

第十七条　禁止生产、进口、销售国家明令淘汰或者不符合强制性能源效率标准的用能产品、设备；禁止使用国家明令淘汰的用能设备、生产工艺。

《产业结构调整指导目录（2019 年本）》（国家发展和改革委员会令第 29 号）

第三类　淘汰类

注：条目后括号内年份为淘汰期限，淘汰期限为 2020 年 12 月 31 日是指应于 2020 年 12 月 31 日前淘汰，其余类推；有淘汰计划条目，根据计划进行淘汰；未标淘汰期限或淘汰计划的条目为国家产业政策已明令淘汰或立即淘汰。

一、落后生产工艺装备

（八）建材　19、简易移动式混凝土砌块成型机、附着式振动成型台。

（十）机械　3、TQ60、TQ80 塔式起重机 4、QT16、QT20、QT25 井架简易塔式起重机 111 20、动圈式和抽头式硅整流弧焊机 21、磁放大器式弧焊机。

二、落后产品

（一）石化化工　4、含苯类、苯酚、苯甲醛和二（三）氯甲烷的脱漆剂，立德粉，聚氯乙烯建筑防水接缝材料（焦油型），107 胶 122 联苯（变压器油）。

（三）钢铁　1、热轧硅钢片 2、普通松弛级别的钢丝、钢绞线 3、热轧钢筋：牌号 HRB335、HPB235。

（五）建材　1、使用非耐碱玻纤或非低碱水泥生产的玻纤增强水泥（GRC）空心条板　2、陶土坩埚拉丝玻璃纤维和制品及其增强塑料（玻璃钢）制品　3、25A 空腹钢窗 角闪石石棉（即蓝石棉）非机械生产的中空玻璃、双层双框各类门窗及单腔结构型的塑料门窗采用二次加热复合成型工艺生产的聚乙烯丙纶类复合防水卷材、聚乙烯丙纶复合防水卷材（聚乙烯芯材厚度在 0.5mm 以下）；棉涤玻纤（高碱）网格复合胎基材料、聚氯乙烯防水卷材（S 型）。

（七）机械　1、T100、T100A 推土机 2、ZP－Ⅱ、ZP－Ⅲ干式喷浆机 3、WP－3 挖掘机 4、0.35 立方米以下的气动抓岩机 9、热电阻（分度号 BA、BA2、G）10、DDZ－Ⅰ型电动单元组合仪表 11、GGP－01A 型皮带秤 13、BLR－31 型称重传感器 14、WFT－081 辐射感温器 15、WDH－1E、WDH－2E 光电温度计，PY5 型数字温度计 21、YB 系列（机座号 63～355mm，额定电压 660V 及以下）、YBF 系列（机座号 63～160mm，额定电压 380、660V 或 380/660V）、YBK 系列（机座号 100～355mm，额定电压 380/660V、660/1140V）隔爆型三相异步电动机 22、DZ10 系列塑壳断路器、DW10 系列框架断路器 23、CJ8 系列交流接触器 24、QC10、QC12、QC8 系列起动器 12625、JR0、JR9、JR14、JR15、JR16－A、B、C、D 系列热继电器 28、B 型、BA 型单级单吸悬臂式离心泵系列 29、F 型单级单吸耐腐蚀泵系列 30、JD 型长轴深井泵 32、3W－0.9/7（环状阀）空气压缩机 39、J53－400、J53－630、J53－1000 双盘摩擦压力机 41、Q51 汽车起重机 42、TD62 型固定带式输送机 127 44、A571 单梁起重机 47、单相电度表：DD1、DD5、DD5－2、DD5－6、

DD9、DD10、DD12、DD14、DD15、DD17、DD20、DD28 48、SL7-30/10～SL7-1600/10、S7-30/10～S7-1600/10 配电变压器 49、刀开关：HD6、HD3-100、HD3-200、HD3-400、HD3-600、HD3-1000、HD3-1500 52、固定炉排燃煤锅炉（双层固定炉排锅炉除外）53、L-10/8、L-10/7 型动力用往复式空气压缩机 54、8-18 系列、9-27 系列高压离心通风机 57、TD60、TD62、TD72 型固定带式输送机。

（九）轻工　4、开口式普通铅蓄电池、干式荷电铅蓄电池 5、含镉高于 0.002%的铅蓄电池 6、含砷高于 0.1%的铅蓄电池 7、民用镉镍电池 12、铸铁截止阀 19、生产含汞的气压计、湿度计、压力表、温度计（体温计除外）等非电子测量仪器（无法获得适当无汞替代品、安装在大型设备中或用于高精度测量的非电子测量设备除外）（2020 年 12 月 31 日）22、用于普通照明用途的不超过 30 瓦且单支含汞量超过 5 毫克的紧凑型荧光灯（2020 年 12 月 31 日）23、用于普通照明用途的直管型荧光灯：(1) 低于 60 瓦且单支含汞量超过 5 毫克的直管型荧光灯（使用三基色荧光粉）；(2) 低于 40 瓦（含 40 瓦）且单支含汞量超过 10 毫克的直管型荧光灯（使用卤磷酸盐荧光粉）（2020 年 12 月 31 日）24、用于普通照明用途的高压汞灯（2020 年 12 月 31 日）。

（十）消防　3、简易式 1211 灭火器 4、手提式 1211 灭火器 5、推车式 1211 灭火器 6、手提式化学泡沫灭火器 7、手提式酸碱灭火器 8、简易式 1301 灭火器（必要用途除外）9、手提式 1301 灭火器（必要用途除外）10、推车式 1301 灭火器（必要用途除外）11、管网式 1211 灭火系统 12、悬挂式 1211 灭火系统 13、柜式 1211 灭火系统 14、管网式 1301 灭火系统（必要用途除外）15、悬挂式 1301 灭火系统（必要用途除外）16、柜式 1301 灭火系统（必要用途除外）17、PVC 衬里消防水带。

（十一）民爆产品　1、不满足国内公共安全全生命周期管控标准要求的工业雷管 2、导火索 3、铵梯炸药 4、纸壳雷管。

（十二）其他　1、59、69、72、TF-3 型防毒面具 2、ZH15 隔绝式化学氧自救器，一氧化碳过滤式自救器 3、不符合《大气污染防治法》《水污染防治法》《固体废物污染环境防治法》《节约能源法》《安全生产法》《产品质量法》《土地管理法》《职业病防治法》等国家法律法规，不符合国家安全、环保、能耗、质量方面强制性标准，不符合国际环境公约等要求的工艺、技术、产品、装备。

《水利水电施工企业安全生产标准化评审标准》（水利部办安监〔2018〕52 号）

4.1.13　设备报废

设备设施存在严重安全隐患，无改造、维修价值，或者超过规定使用年限，应当及时报废。

★　应开展的基础工作

(1) 施工项目在施工组织设计和施工专项方案的编制过程中，应对计划采用的施工工艺、使用的材料、机械设备等进行检查核定，确保编制的施工组织设计和施工专项方案中不出现国家明令淘汰、禁止的工艺、设备或材料。

（2）施工过程中对施工现场使用的机械设备、材料进行检查，不应使用国家明令淘汰、禁止的设备或材料。一经发现应立即清理出场。

（3）根据施工组织设计或施工专项方案，对现场的施工进行检查、巡视，严禁现场采用国家明令淘汰、禁止的工艺进行施工。

（4）及时掌握国家相关的政策法规等文件，确保项目施工过程中始终不出现国家明令淘汰、禁止的工艺、设备或材料。

● 违规行为标准条文

106. 未按规定购买工伤保险和安全生产责任保险

◆ 法律、法规、规范性文件和技术标准要求

《中华人民共和国安全生产法》（主席令第 13 号）

第四十八条　生产经营单位必须依法参加工伤保险，为从业人员缴纳保险费。

国家鼓励生产经营单位投保安全生产责任保险。

《中华人民共和国建筑法》（主席令第 46 号）

第四十八条　建筑施工企业应当依法为职工参加工伤保险缴纳工伤保险费。鼓励企业为从事危险作业的职工办理意外伤害保险，支付保险费。

《建设工程安全生产管理条例》（国务院令第 393 号）

第三十八条　施工单位应当为施工现场从事危险作业的人员办理意外伤害保险。

意外伤害保险费由施工单位支付。实行施工总承包的，由总承包单位支付意外伤害保险费。意外伤害保险期限自建设工程开工之日起至竣工验收合格止。

《人社部交通部水利部能源局铁路局民航局关于铁路、公路、水运、水利、能源、机场工程建设项目参加工伤保险工作的通知》（人力资源和社会保障部发〔2018〕3 号）

二、推进形成更高水平更高效率的部门协作机制。

按照“谁审批，谁负责”的原则，各类工程建设项目在办理相关手续、进场施工前，均应向行业主管部门或监管部门提交施工项目总承包单位或项目标段合同承建单位参加工伤保险的证明，作为保证工程安全施工的具体措施之一。未参加工伤保险的项目和标段，主管部门、监管部门要及时督促整改，即时补办参加工伤保险手续，杜绝“未参保，先开工”甚至“只施工，不参保”现象。各级行业主管部门、监管部门要将施工项目总承包单位或项目标段合同承建单位参加工伤保险情况纳入企业信用考核体系，未参保项目发生事故造成生命财产重大损失的，责成工程责任单位限期整改，必要时可对总承包单位或标段合同承建单位启动问责程序。

《河北省安全生产条例》

第二十七条　本省推行安全生产责任保险制度。在矿山、金属冶炼、建筑施工、交通

运输、危险化学品、烟花爆竹、民用爆炸物品、渔业生产等高危行业领域强制实施投保安全生产责任险；鼓励和推动其他生产经营单位投保安全生产责任险。

《水利水电工程施工安全管理导则》(SL 721—2015)

12.1.3　施工单位应对从事危险作业的人员加强职业健康管理，并遵守下列规定：

7 按规定及时为从业人员办理工伤保险和人身意外保险等。

《水利水电施工企业安全生产标准化评审标准》(水利部办安监〔2018〕52号)

1.4.6　按照有关规定，为从业人员及时办理相关保险。

★　应开展的基础工作

（1）施工项目所有人员（包括分包队伍所有人员）必须办理工伤保险。

（2）河北省范围内的所有项目均应办理安全生产责任险（河北省强制实施）。

（3）施工项目可根据项目实际办理意外伤害保险（国家鼓励办理）。

（4）施工项目应留好办理保险的相关资料，如人身意外伤害保险及工伤保险证明，并做好相关登记，如意外伤害保险登记表。